"十四五"国家重点出版物出版规划项目

三江源国家公园自然教育系列丛书

行走长江源

何望若 黄侃淳 喻鹏

著

中国地图出版社 北京

编委会

EDITORIAL COMMITTEE

《三江源国家公园自然教育系列丛书》

科学顾问

编纂委员会

编纂委员会办公室

《三江源国家公园行走纪行·行走长江源》

编辑部

本书由何望若、黄侃淳和喻鹏共同撰写，其中何望若撰写了第四章、第六章、第七章、人物专访“从野牛沟岩画看昆仑山先民的生活”、人物专访“岩画：通天河沿岸的古代‘绘本’”、人物专访“保护可可西里从巡山开始”、人物专访“青藏公路上的临时‘交警’”、人物专访“可可西里的‘牧羊人’”；黄侃淳撰写了第一章、第二章、第五章、第八章、人物专访“曲麻莱的校园生活”、人物专访“守护江源、守护生命”、人物专访“青山常在，绿水长流”、人物专访“攀登玉珠峰”；喻鹏撰写了溯源 长江是一条路和第三章。

总　序

盛世修书，述典启智。编撰出版《三江源国家公园自然教育系列丛书》，是一项重大的自然教育工程，亦是国家公园给予国民的重要公共生态产品。这套丛书的出版，对于我们践行习近平生态文明思想，凝聚社会各界共识，认真履行保护好“中华水塔”这一“国之大者”的特殊使命，厚植公众生态文明素养，筑牢中华民族永续发展根基，都具有十分重要的意义。

三江源国家公园地处青海省西南部，长江、黄河、澜沧江发源于此，总面积19.07万平方千米。每年向下游输送近600亿立方米的清洁水，是我国乃至东南亚淡水资源的重要补给地。同时，三江源也是高原生物多样性最富集的地区，是全球气候变化的敏感区和重要启动区，是国家生态安全的重要屏障，其生态系统服务功能、自然景观、生物多样性具有全国乃至全球意义的保护价值。党中央、国务院对三江源的生态保护工作高度重视，全国人民充分关注，各方有识之士寄予厚望。

建立国家公园体制是习近平总书记亲自谋划、亲自部署、亲自推动的重大制度创新。2016年3月，中共中央办公厅、国务院办公厅印发《三江源国家公园体制试点方案》，拉开了中国建立国家公园体制实践探索的序幕。三江源国家公园成为中国国家公园发展的先行者和“试验田”以来，创新管理体制机制，不断探索人与自然和谐共生之路，坚定不移做“中华水塔”守护人，引领全国各地催生了生态环境保护领域一批系统性、突破性、标志性成果。

2021年10月，国家主席习近平在《生物多样性公约》第十五次缔约方大会领导人峰会上宣布正式设立三江源国家公园。全面推动三江源国家公园建设高质量发展，把三江源国家公园建设成为青藏高原生态保护修复示范区，三江源共建共享、人与自然和谐共生的先行区，青藏高原大自然保护展示和生态文化传承区，离不开文化铸魂，要教育先行。编撰出版《三江源国家公园自然教育系列丛书》，就是向广大读者全面介绍三江源国家公园最重要的自然生态系统、最独特的自然景观、最精华的自然遗产、最富集的生物多样性，也是挖掘天人合一等中华优秀传统文化，倡导公众树立尊重自然、顺应自然、保护自然的理念，着力打造具有国家代表性和世界影响力世界自然保护地典范的有益尝试。

书以载道，文以养心。希望这套由中国地图出版社出版的大型丛书，能给读者提供一场对三江源无与伦比的认知盛宴，一起见证三江源国家公园的茁壮成长。

是为序。

三江源国家公园管理局

序 行走在自然中

2023年的国庆长假，我最大的收获与享受就是静心阅读了即将出版的“三江源国家公园行走纪行丛书”，跟着作者的文字书写，对雪域高原的惊险雄奇，动植物世界的勃勃生机，高原藏族的朴实神秘，进行了一次沉浸式的观察与思考，对三江源国家公园的长江源、黄河源、澜沧江源三个园区和可可西里世界自然遗产地的历史与现状，以及对三江源重要生态屏障的整体保护措施和取得的阶段性成果有了深入的了解。

亿万年来，地处世界“第三极”的青藏高原，以雄峻无涯的雪山冰川，融化出涓涓细流，向东向南汇聚成长江、黄河与澜沧江。长江和黄河孕育了灿烂而悠久的华夏文明，是中华民族的母亲河；澜沧江作为“东南亚第一长河”，一路奔腾向东南，经西藏、云南两省区，出中国国境后，称为湄公河，流经老挝、缅甸、泰国、柬埔寨、越南五国后汇入南海。

三江源被誉为“中华水塔”和“亚洲水塔”，是中国生物多样性的自然宝库，是我国重要的生态安全屏障，也是全球气候变化反应最敏感的区域之一。为此，践行习近平生态文明思想，坚持“生态保护第一、国家代表性、全民公益性”的中国特色国家公园理念，构建三江源的生态系统服务功能，对维护生物的多样性以及实现对三江源头的整体保护，有着十分重要的意义。

由三江源国家公园管理局立项、中国地图出版社编辑出版的“三江源国家公园行走纪行丛书”由《行走长江源》《行走黄河源》《行走澜沧江源》三本书组成。丛书的主题为“自然行走”，着重体现人与自然的和谐共生，尊重“山脉”和“水脉”的内在规律，传承发展“文脉”和“人脉”。丛书以作者“自然行走”的所见所闻、所思所感为主体，从时间的维度上，全面反映了三江源国家公园的过去与现在；从空间的维度上，以山、水、人、动物为切入点，展示了三江源的多重魅力，突出体现了人与自然的和谐共生。

阅读书稿，作者在长江源、黄河源、澜沧江源行走的立体画面清晰地展现在我眼前。

流经11个省、直辖市，总长6380公里的长江，是亚洲第一大河、世界第三大河。它由发源于唐古拉山脉主峰各拉丹冬的沱沱河与南源当曲、北源楚玛尔河组成，沱沱河与当曲在唐古拉山镇与索加乡交界的囊极巴陇汇合后称通天河，进而在七渡口与楚玛尔河汇合，至巴塘河口流出青海玉树藏族自治州，在横断山区称为金沙江，经云南入重庆，之后正式启用长江的名字，直至上海崇明岛注入东海。

长江源水生态环境保护站——“绿色江河”的志愿者守护斑头雁已经超过10年，斑头雁从2012年的1172只，上升到了2022年的5963只，10年间增加到5倍。除了鸟类，也不断有藏羚羊、雪豹、藏野驴、野牦牛等动物出现在班德湖周围。

总长5464公里的黄河是世界第五长河，由约古宗列曲（玛曲）、卡日曲、扎曲汇集，从扎陵湖流出，形成一个冲积扇面入鄂陵湖后，以“黄河”之名奔流向海。

黄河源园区面积3.17万平方公里。这块集草地、湿地、河流、湖泊、雪山、冰川和野生动物为一体的神奇大地，展现了地球上年轻的地貌，造就了独特的高原高寒山地气候，保存了大面积的原始风貌。

湖泊和湿地生态景观，维护养育了高寒草甸、草原生态系统健康运行。在维护生物多样性等前提下，黄河源园区正加强对黑土滩、沙化土地等的修复，并在此基础上开展黄河探源和自然生态体验，展现高原千湖美景，使来客得以近距离观览野生动物，追寻领悟黄河文化和藏族历史文化。

世界第七长河、“东南亚第一长河”澜沧江，全长4909公里，其北源扎阿曲所在的玉树杂多县扎青乡境内海拔5552米的吉富山的冰川融水，即为澜沧江源头。

澜沧江源头具有独特的河源峡谷生态，海拔最高处的石质山峰和流石滩，是雪豹最喜欢出没的地方；山峰下是原始森林与高山草甸交混的地带，大果圆柏与山柳灌木构成了茂密的森林植被，草原上盛开的狼毒花、金露梅和圆穗蓼等编织出斑斓的花毯。树林与草坡为白马鸡、高原鼠兔和喜马拉雅旱獭等动物提供了筑巢和嬉戏的场所，它们又为狼、兔狲和棕熊等猛兽提供了充足的食物，金雕在高空盘旋寻找着猎物，而雪豹或许就在某一座山峰上巡视着它的领地，喜马拉雅旱獭在向阳的草坡上掘洞为窝，天气好的时候喜欢坐在洞口附近晒太阳。有时候它们会在草地上追逐嬉戏，憨态可掬，此时通常会有一只“哨兵”双腿直立，警惕地观望着四周，一有风吹草动就立刻发出警报声，所有的喜马拉雅旱獭一眨眼就钻回窝里，消失不见。

约6.03万平方公里的可可西里世界遗产地有100多个湖泊，是中国湖泊分布最密集的区域之一。遗产地内完整保存了高寒草原、高寒草甸、高寒荒漠和高原湿地生态系统，共有国家一级保护动物7种，国家二级保护动物17种，有蹄类动物种群密度大、数量多，且珍稀物种比例高。

可可西里的野生动物基因库，尤以藏羚羊、野牦牛为代表物种。可可西里从2000年成立自然保护区，到2016年划入三江源国家公园至今，在一代代工作人员的努力下，藏羚羊终于转危为安，2009年后可可西里再无盗猎案件，藏羚羊种群得到恢复，世界自然保护联盟（IUCN）也将它从濒危物种调整为近危物种。

1832年，美国著名艺术家乔治·卡特林在前往美国达科他地区旅行的路上，对美国西部大开发对印第安文明、野生动植物和荒野的影响深表忧虑，提出“它们可以被保护起来，只要政府通过一些保护政策设立一个大公园，其中有人也有野兽，所有的一切都处于原生状态，体现着自然之美”。乔治·卡特林的这次旅游灵感，促使人类开始树立保护自然遗产的意识。

人类把亿万年来地球演化过程中留存下来的珍贵的、不可再生的遗迹作为一种特殊类型的资源，通过建立自然保护区、地质遗迹保护区、国家公园等将其加以保护利用，这是敬畏自然、尊重自然、顺应自然并建设美丽地球家园的明智选择。

“三江源国家公园行走纪行丛书”集三江源国家公园的真、善、美为一体，为公众提供了亲近自然、体验自然、了解自然、欣赏自然的平台载体。丛书以人与自然的和谐共生描写为主线，讲述人与自然的故事，这将有效提高全民科学素养，激发公众敬畏自然、尊重自然、热爱自然、热爱科学，培养生态安全意识、环境保护意识，增强文化自信和民族自豪感，促进三江源生态环境保护，实现人与自然和谐共生的目标。

三江源国家公园的设立，使社会各界更加关注对这个生物多样性自然宝库的整体保护。由于条件有限，很多人无法抵达三江源亲身体验，而“三江源国家公园行走纪行丛书”正是能够弥补这一缺憾的优秀丛书。

陈国栋

研究员，中国自然资源作家协会主席

目录

CONTENTS

三江源地区河流流域球形图

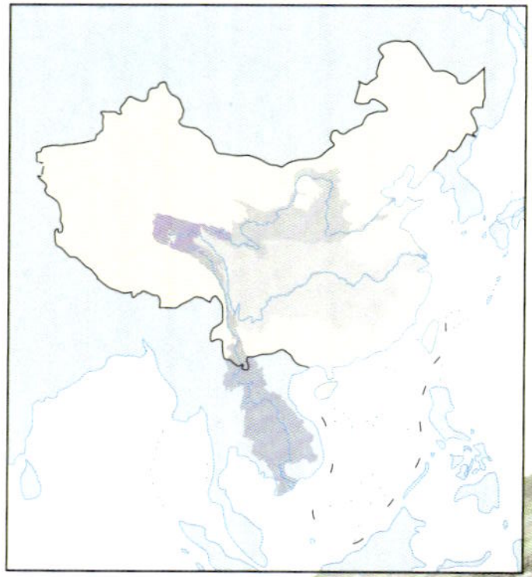

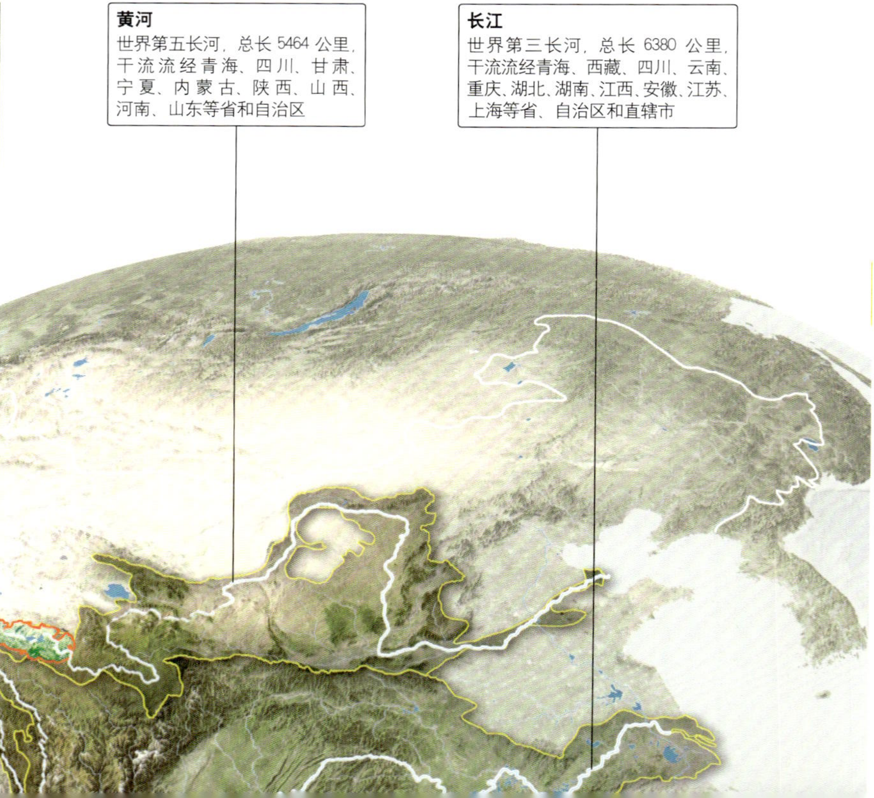

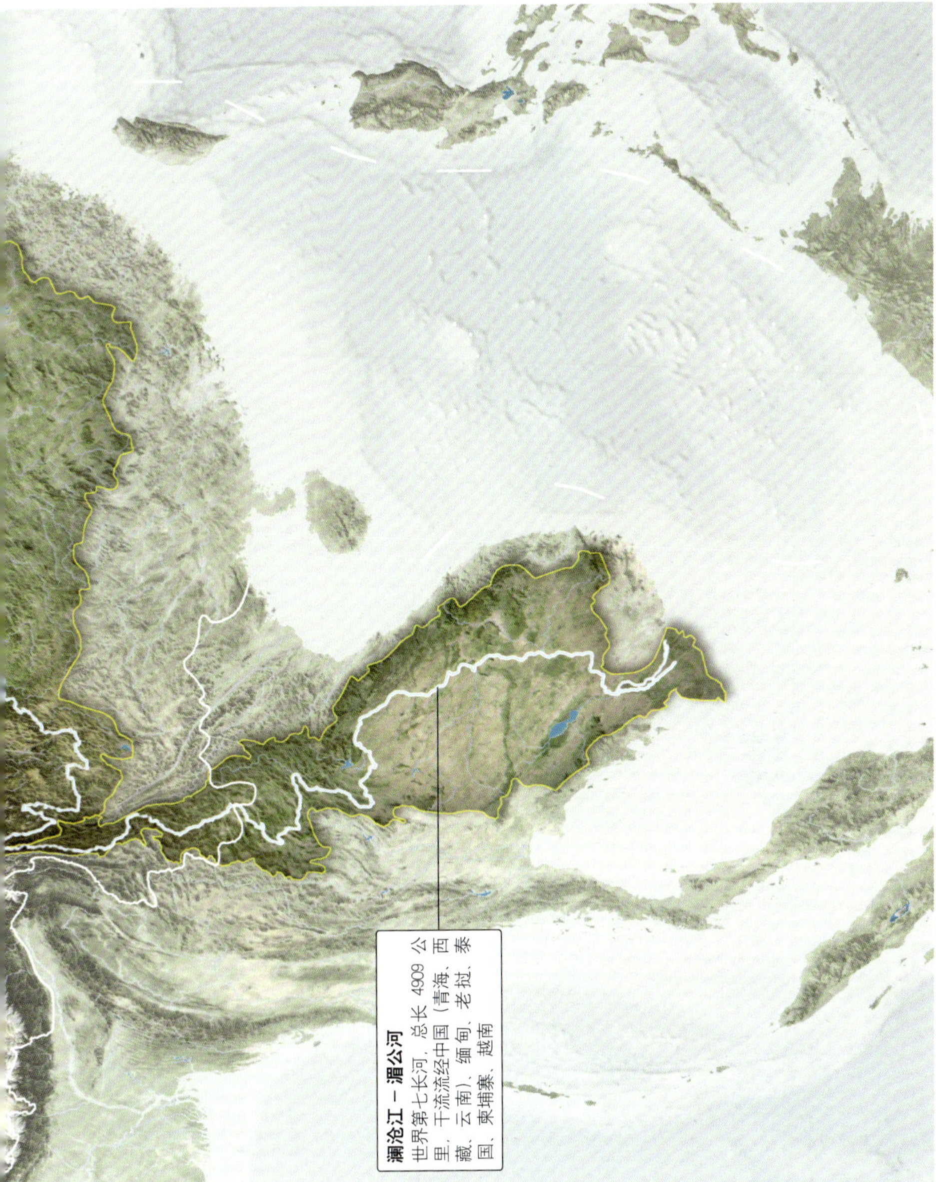
澜沧江 — 湄公河
世界第七长河，总长 4909 公里，干流流经中国（青海、西藏、云南）、缅甸、老挝、泰国、柬埔寨、越南

三江源国家公园示意图

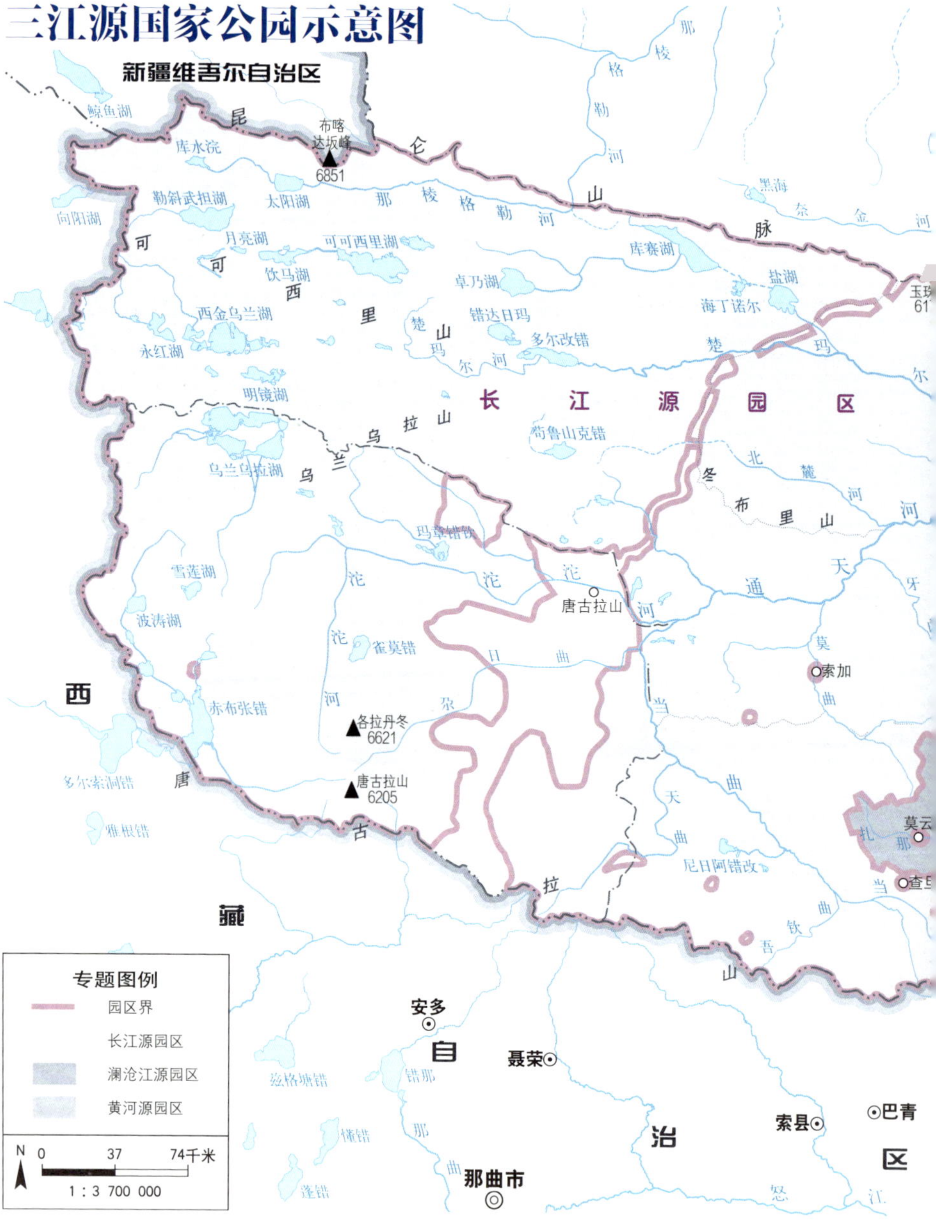

新疆维吾尔自治区
鲸鱼湖
昆
布喀
达坂峰
6851
仑
山
脉
库水浣
勒斜武担湖
太阳湖
那棱格勒河
向阳湖
可
可
西
里
山
月亮湖
可可西里湖
饮马湖
卓乃湖
库赛湖
盐湖
海丁诺尔
黑海
奈金河
西金乌兰湖
楚玛尔河
错达日玛
多尔改错
永红湖
楚玛尔
明镜湖
长江源园区
乌兰乌拉山
苟鲁山克错
乌兰乌拉湖
北麓河
冬布里山
玛章错钦
沱沱河
通天河
唐古拉山
雪莲湖
波涛湖
雀莫错
莫曲
索加
尕尔曲
赤布张错
西
各拉丹冬
6621
当曲
唐古拉山
6205
多尔索洞错
唐古拉山
天曲
尼日阿错改
雅根错
藏
吾钦曲
扎那
莫云
查旦
安多
自
聂荣
兹格塘错
错那
懂错
那曲
治
索县
巴青
区
那曲市
蓬错
怒江
专题图例
园区界
长江源园区
澜沧江源园区
黄河源园区
N
0 37 74千米
1 : 3 700 000

三江源在青海省的位置图
西宁市
察尔汗行委
勒木德
格尔木市
大格勒
宗加
格尔木河
布尔汗布达山
黄河源园区
雅拉达泽峰
5214
玛曲
麻多
卡日曲
扎陵湖
鄂陵湖
玛多
（玛查理）
冬格措纳湖
花石峡
阿尼玛卿山
玛卿岗日
6282
黄河
多曲
黑河
热曲
查曲
颜喀拉山
优云
当洛
特合土
桑日麻
建设
巴颜喀拉山
曲麻河
叶格
秋智
扎河
治渠
通天河
曲麻莱
（约改）
巴干
清水河
扎朵
多彩
多彩曲
治多
（加吉博洛）
立新
称多
（称文）
珍秦
扎曲
安冲
隆宝
拉布
仲达
歇武
澜沧江源园区
扎青
杂多
（萨呼腾）
阿多
昂赛
结多
扎曲
上拉秀
玉树市
巴塘
子曲
下拉秀
觉拉
石渠
雅砻江
鲜水河
四川省
苏鲁
昂曲
东坝
着晓
小苏莽
毛庄
囊谦
（香达）
巴曲
吉尼赛
白扎
娘拉
尕羊
吉曲
金沙江
西藏自治区
德格

三江源水系分布图

新疆维吾尔自治区
昆仑山脉
布喀达坂峰
6851
鲸鱼湖
库水浣
勒斜武担湖
太阳湖
那棱格勒河
向阳湖
可可西里山
月亮湖
可可西里湖
饮马湖
卓乃湖
库赛湖
盐湖
海丁诺尔
西金乌兰湖
错达日玛
多尔改错
永红湖
楚玛尔河
明镜湖
玉树藏族
乌兰乌拉山
苟鲁山克错
北麓河
冬布里山
乌兰乌拉湖
玛章错钦
雪莲湖
沱沱河
唐古拉山
波涛湖
雀莫错
通天河
日阿尕曲
莫曲
索加
(格尔木市代管)
赤布张错
各拉丹冬
6621
唐古拉山
6205
当曲
天曲
尼日阿错改
多尔索洞错
雅根错
唐古拉山
西藏自治区
其香错
扎加藏布
安多
聂荣
错那
兹格塘错
那曲
那曲市
索县
巴青
懂错
蓬错
怒江
海西蒙古族
那棱格勒河
黑海
N
0
37
74千米
1：3 700 000

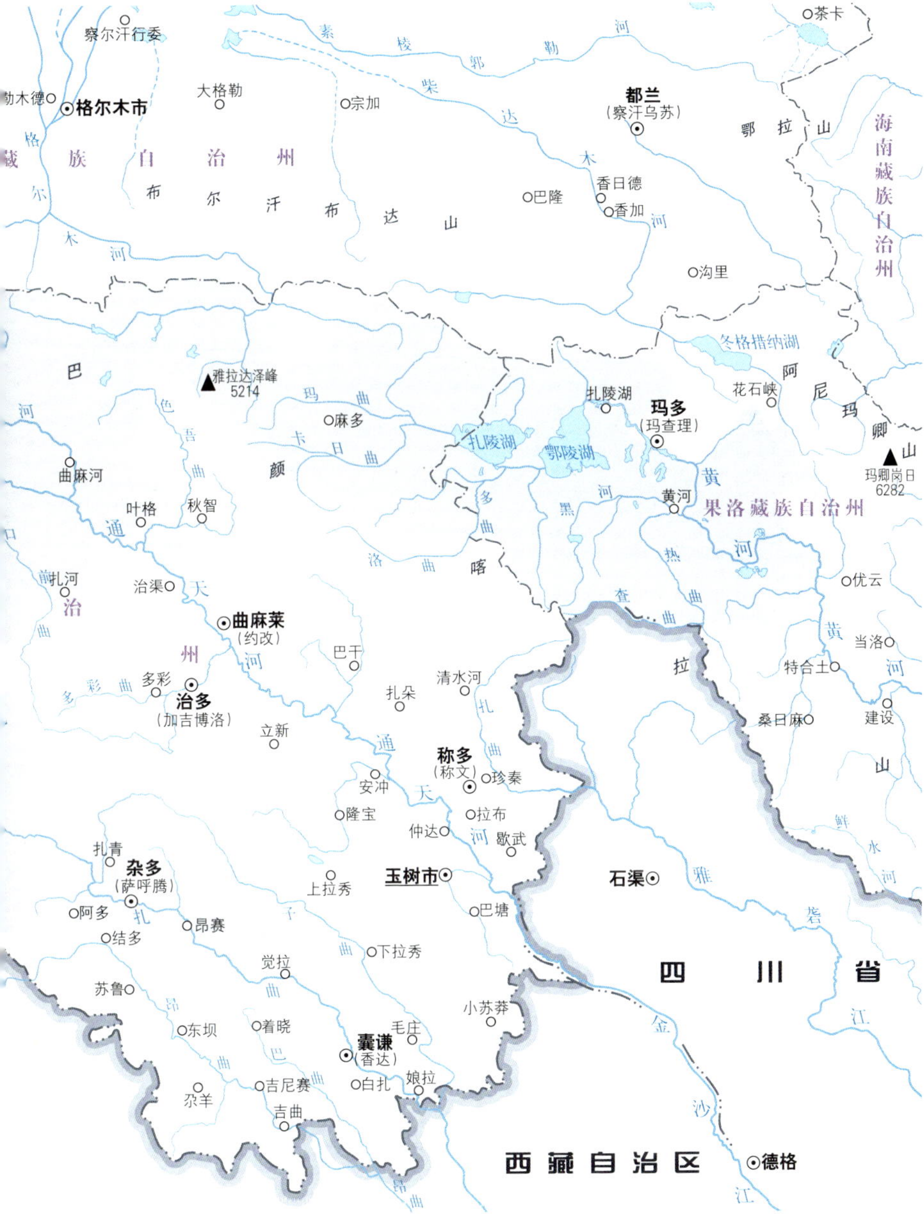
察尔汗行委
茶卡
素棱郭勒河
柴达木河
格尔木市
大格勒
宗加
都兰
(察汗乌苏)
鄂拉山
海南藏族自治州
藏族自治州
格尔木河
布尔汗布达山
巴隆
香日德
香加
沟里
冬格措纳湖
巴
雅拉达泽峰
5214
玛曲
麻多
卡日曲
扎陵湖
鄂陵湖
扎陵湖
玛多
(玛查理)
花石峡
阿尼玛卿山
玛卿岗日
6282
曲麻河
色吾曲
颜
多曲
黑河
黄河
果洛藏族自治州
叶格
秋智
通天河
洛曲
喀
热曲
优云
扎河
治渠
查曲
曲麻莱
(约改)
巴干
拉
当洛
特合土
多彩曲
多彩
治多
(加吉博洛)
扎朵
清水河
扎曲
桑日麻
建设
立新
称多
(称文)
珍秦
安冲
隆宝
拉布
仲达
歇武
扎青
杂多
(萨呼腾)
玉树市
石渠
雅砻江
鲜水河
阿多
扎曲
昂赛
上拉秀
巴塘
子曲
结多
下拉秀
觉拉
四川省
苏鲁
小苏莽
东坝
着晓
毛庄
囊谦
(香达)
吉尼赛
白扎
娘拉
杂羊
吉曲
金沙江
西藏自治区
德格

长江源全图

新疆维吾尔自治区
昆
仑
山
脉
布喀达坂峰
6851
库水浣
那棱格勒河
勒斜武担湖
太阳湖
马兰山
6056
大雪峰
5863
西天瑶池
库赛湖
黑海
玉虚
盐湖
海丁诺尔
西藏自治区
可
可
西
里
山
可可西里湖
月亮湖
饮马湖
可可西里
库赛河
卓乃湖
西金乌兰湖
高台湖
错达日玛
楚玛尔河
永红湖
移山湖
节约湖
明镜湖
多尔改错
索南达杰保护站
五道梁保护站
楚
G109
青
藏
高
乌兰乌拉山
乌兰乌拉湖
苟鲁山克错
沱沱河保护站
冬布里
北
等马河
豌豆湖
葫芦湖
玛章错钦
波陇曲
沱沱河
长江源头第一桥
长江源头纪念碑
长江源水生态环境保护站
唐古拉山
通
雪莲湖
波涛湖
雀莫错
日
曲
尕
当
索加
东布张错
各拉丹冬
6621
长江源头
唐
古
拉
山
多尔索洞错
唐古拉山
6205
天
曲
龙亚拉峰
6104
尼日阿错改
雅根错
唐古拉山口
其香错
钦
吾
西藏自治区
N
0
29
58千米
1：2 900 000

格尔木市
S318
G109
G6
G0615
野牛沟岩画
无极
龙凤宫
G109
S214
玉珠峰
6178
格尔木
昆仑山
布
尔
汗
布
达
山
乌兰乌苏郭勒
格尔木河
雅拉达泽峰
5214
错木斗江章
错坎巴昂日东
巴
颜
喀
拉
G215
麻多
S312
扎陵湖
错哇尕泽峰
4610
鄂陵湖
曲麻河
楚玛尔七渡口
叶格
河拉麻寺
秋智
S312
海
省
扎河
治渠
曲麻莱
（约改）
岗察寺
S313
巴干
巴颜喀拉山
巴颜喀拉山口
G0613
G214
S224
多彩
治多
（加吉博洛）
原
S224
尕朵觉悟
赛康寺
扎朵
尕朵
清水河
S313
S222
立新
G215
称多
（称文）
珍秦
安冲
尕藏寺
拉布寺
四
川
省
莫云
藏娘佛塔及桑周寺
隆宝
仲达
新寨嘉那
嘛呢石经城
结古寺
赛巴寺
扎青
查旦
杂多
（萨呼腾）
G345
上拉秀
玉树市
勒巴沟岩画
文成公主庙
G214
巴塘
阿多
昂赛
结多
S224
年吉错
下拉秀
G215
觉拉
G214
S223
苏鲁
脉

溯源 长江是一条路

印象与启程

中国大地从西到东跨越60多经度、5个时区，相距约5200千米，而从西到东奔涌流淌的长江，全长6380千米，相比黄河长了约900千米，长度排在尼罗河和亚马孙河之后，位列世界第三。在大江的东部下游地区，长江的概念更为“表象”，人与水的关系更为亲密。同时，在漫长的共生过程中，人们也更了解该如何与它相处，在索取和保护（禁捕）中达到平衡。而在西部上游地带，长江的概念更为“意象”，在长江的上游，它甚至不叫长江，而如神明化身一样拥有更多的名字：沱沱河、楚玛尔河、当曲、通天河，它们都是长江又都不是长江。长江之所以宽大而广远，正是因为这些源流的汇聚。在那里，长江充满神意，人们亦对它充满敬意。

在中国，长江一路奔流入海。它是一条路，是人与自然共生的文化之路，是连通东西两端不可或缺的交通道路，是野生动物迁徙和牧民家畜转过四季的必经之路，是鲜活的看得见的历史与当下的发展之路。

党的二十大报告提出：“必须牢固树立和践行绿水青山就是金山银山的理念，站在人与自然和谐共生的高度谋划发展。”中国国家公园从三江源头开启先河，青海成为我国首个国家公园体制试点省份，并率先建立起以国家公园为主体的自然保护地体系。习近平总书记多次强调维护生态安全、保护三江源、保护“中华水塔”的青海使命，多次亲自部署三江源国家公园体制试点和建设工作。

我们的旅程从西宁开始，经过千湖之县玛多——那里是黄河源园区的主要区域，落脚玉树，然后再去往称多县和治多县（这和流传中的文成公主进

/ 俯瞰长江第一湾 / 喻鹏 摄

藏路线是一致的），就此进入长江源园区的主要区域。我们一路探访了诸多神圣的寺院、壮阔的风景，以及格萨尔王的遗迹，还有数个保护站，又沿着通天河走了一段，经过不冻泉进入可可西里的边缘地带，再沿着沱沱河到万里长江第一桥。

沱沱河曾在很长一段时间里被认为是长江正源，但现在情况稍有不同。沱沱河穿过唐古拉山镇，引导我们前往昆仑山口和玉珠峰。这条线路的景观和可探索点非常丰富，抵达却并不艰难。

2015年12月，中央全面深化改革领导小组第十九次会议审议通过《三江源国家公园体制试点方案》。2016年3月，中共中央办公厅、国务院办公厅印发《三江源国家公园体制试点方案》，拉开了中国国家公园实践探索的序幕。2017年6月，青海省人大常委会通过并颁布《三江源国家公园条例（试行）》，为三江源国家公园的建设提供了法治保障。

《三江源国家公园生态体验与环境教育规划研究》一书中提道："国家公园是向全民展现生态文明建设成果的窗口，是联系自然保护地与公众的媒介，是面向公众开展环境教育的最美国土。"

因此，国家公园将会开放给访客。

在我们的探索路线中，宗教文化体验占比相当大。玉树结古寺所在的结古镇，是城市旧日的中心。寺院依山而建，殿堂僧舍高低排布，历史上一直是玉树北部地区萨迦派的主寺。称多县内的拉布寺是玉树地区的格鲁派大寺，既是寺院，也是佛学院，僧人们所住的宿舍区域，既有新奇的建筑也有现代的设施，这一切组成了游客十分乐意前往的拉司通民俗村。赛巴寺里，一尊格萨尔王的雕像端坐寺中，他被认为是莲花生大师的化身。而赛康寺是距离尕朵觉悟最近的寺院，在那里，我们闯进了一场辩经会，先是顺着门缝

/ 塔尔寺一角 / 喻鹏 摄

偷看，之后又“得寸进尺”，钻进佛堂就地坐下。格鲁派的赛康寺将近八百僧人，都受尕朵觉悟的荫护，我这个外来人也一样。

这一切的机缘与西宁有着千丝万缕的关系。宗喀巴大师罗桑扎巴的诞生地在塔尔寺，确切位置是寺中的大金瓦殿，是他创立了格鲁派。寺中佛塔由宗喀巴大师授意建造，先将比例均匀的奇特旃檀树用绸缎做的袈裟包裹，作

/ 长江的源头沱沱河 / 视觉中国 提供

为佛塔塔心，树叶上有十万狮子吼佛，树干有一人多高，之后再用石头墙固定，建成一座莲聚宝塔。据《塔尔寺志略》一书说，当宗喀巴大师圆寂时，此塔变为寂灭塔，当大师转生时，此塔变为天降塔。如今在塔尔寺，许多到访者除了欣赏庞大的建筑群和礼佛仪式，还会静静关注佛塔，久久不离。

长江源与长江源园区

郦道元的《水经注》里，卷三十三、三十四、三十五写的是《江水》。江，指的就是长江，其中卷三十三是关于长江源头的。在古代，“江”是长江的专名，“河”是黄河的专名，江水是对长江的正式称呼。另外，黄河也被称为“大河”，长江也被称为“大江”。成书于北魏的《水经注》中有近二十个卷篇提到“江”，有十多个卷篇提到“大江”，但没有出现过“长江”这个名称。

但“长江”一名其实早在三国时期就被提及。例如《三国志·吴书·周瑜传》中写道：“且将军大势可以拒操者，长江也。”《鲁肃传》里也有对长江的描述：“竟长江所极，据而有之。”估计“长江”当时只是长江下游区域性的用名。

《水经注》卷三十三写：“岷山，即渎山也，水曰渎水矣；又谓之汶阜山，在徼外，江水所导也。《益州记》曰：大江泉源，即今所闻，始发羊膊岭下，缘崖散漫，小水百数，殆未滥觞矣。”按照郦道元的记录，长江源头在蜀地的岷山，他遵循的是《尚书·禹贡》的说法：“岷山导江，东别为沱。”意思是大禹疏导长江，开始于岷山，向东分出的支流统称沱江。

有人认为，郦道元明明知道长江上游的准确情况（岷山不是长江发源地），却仍然这么写，只是因为不得不遵从《禹贡》“岷山导江”的神权威信。而遍游山水的徐霞客可能是古人中第一个明说岷山不是长江源的，但他也不敢直言神话的错误，只是说大禹去岷山疏导长江不假，但长江只是被岷山阻断了，真正的源头还在山那边。

如今，对于长江源头的认定虽然仍有争议，但总的来说依据都较为充分。长江有发源于可可西里的北源楚玛尔河、发源于各拉丹冬雪峰姜根迪如冰川的西源沱沱河、发源于唐古拉山东麓的南源当曲三种说法。

西源沱沱河来自唐古拉山脉主峰各拉丹冬之上不断消融的冰川群，是世界大河中罕见的冰川融水型河源，在唐古拉山镇冲击出大片交错的平原河道。南源当曲源流主要来自唐古拉山脉东段北坡的泉眼、湖泊和沼泽湿地，流淌到快与沱沱河交汇时，又汇入了来自雪山东坡和唐古拉山口的尕尔曲与布曲的冰川融水，水量大增，终成滔滔大河。郦道元在《水经注》卷三十三也说道，长江源头有数百条小河流汇聚，小到连酒杯都浮不起来。而北源楚玛尔河源流，主要来自可可西里山脉南麓的浅层地表水，细小的水流断断续续，流经多尔改错湖，百折不挠，如同破土生长的植物，流出沙漠，躲开盐湖，最终流进通天河。

治多是长江发源地之一，黄河、澜沧江的发源地分别是玛多和杂多，在藏语里，“多”是源头的意思。

进入治多县城，“十全福地”的大字迎面而来。长江源园区以治多县和曲麻莱县为核心，景观以高寒荒漠和高寒草原为主，拥有重要的高寒生态系统、湿地和丰富的野生动物资源，是藏羚羊（国家一级保护动物）、雪豹（国家一级保护动物）、藏野驴（国家一级保护动物）等国家重点保护野生动物的重要栖息地和迁徙通道。长江源园区在空间上覆盖了原可可西里国家级自然保护区和原三江源国家级自然保护区的索加—曲麻河保护分区、当曲保护分区、各拉丹冬保护分区及其间的连通区域。

整个长江源园区的风景有别于温婉秀美的长江下游平川，而是重峦叠嶂，河流纵横，湖泊密布。冰川、雪峰、沼泽等自然景观奇特壮观，既是探险者的圣地，又是普通游客的必达之地。以昆仑之巅主峰的玉珠峰及其姊妹峰玉虚峰为代表的探险登山道、以珍稀野生动物王国基因库为代表的野牦牛群观赏区、以古岩画为代表的史前文化、以七渡古道为代表的丝绸之路，都以长江源头为依托，沿着漫长的河谷地带一一呈现。

像文成公主一样去玉树

素有“山嘛呢，水嘛呢”之称的勒巴沟有许多历经千年风尘的佛教摩崖石刻，沟口南麓岩壁上有一幅礼佛图，图左侧六米处是阴线雕刻的三世佛图，进沟半公里处的左侧崖壁上，凿有三尊浅雕佛像，主佛大日如来坐于仰莲座上。相传这些都是文成公主和金城公主先后进藏时留下的历史文化遗迹。

那时，文成公主一行人从长安出发，一路向西行，经过甘肃、青海两地进入西藏，其中一半的行程是在青海境内，同时这也是最为艰险的路段。在黄河源的两湖，松赞干布率侍从卫队柏海迎亲。之后松赞干布和文成公主前往拉萨，那条公主远嫁而行的唐蕃古道，成为随后连接汉藏两地的黄金通路。

与难以考证的江河源头相似，文成公主进藏的路线也有几种不同说法，一种是由西安出发，经过宝鸡、天水、松潘、康定，渡过长江后，经玉树进藏，最后到达拉萨。另一种说法是从西安出发后，经过西宁、都兰、格尔木，翻越唐古拉山后到拉萨。还有一种观点认为，公主经过天水、兰州、西宁、黄河源，到玉树，同样翻越唐古拉山后经过那曲到西藏。如今最后一种说法被更多学者认可。玉树是上述几种说法（尤其是第三种）的核心途经点。到达玉树后，文成公主从称多县经巴塘和囊谦的入藏之路前往拉萨。

崔永红先生的《文成公主与唐蕃古道》一书中写道：“唐蕃官方设有驿站的大道，即唐蕃古道正道是从今玉树市安冲、哈秀、隆宝一线穿过，往杂多县方向而行的，并不经过玉树市结古、巴塘地区。但据民间口碑资料，文成公主、金城公主都曾路过玉树市巴塘地区，勒巴沟中的许多石刻、建筑遗迹为大量口碑资料提供了实物证据。文成公主庙现已成了玉树地区最著名的

/ 手持国旗的长江源园区牧民 / 视觉中国 提供

旅游景点。”

文成公主庙就在勒巴沟的沟口内不远处，距离玉树中心结古镇不过20公里。文成公主在玉树停留期间，她亲自制定了数十处雕刻的尺寸和样式，包括佛像、佛塔和经文，又督领工匠将其刻在悬崖峭壁上。如今文成公主庙中的九尊佛像就是那时雕刻的，正中的主佛就是大日如来。而崖壁外侧的文成公主庙，据说是金城公主重走入藏之路时为了纪念姐姐而修建的。

在玉树州博物馆里，那尊大日如来像被复制陈列。大日如来与八大菩萨造像的组合样式，最初形成于敦煌，逐渐传播至甘青及川藏交界地区，成为吐蕃艺术最重要的题材之一。从它的主体布局、边框装饰和服饰佩戴来看，显现出成熟的吐蕃式样，具有鲜明的时代与民族特征。而吐蕃王朝与文成公主和亲的故事，也是这座博物馆中的重要展陈部分。

7世纪至9世纪，吐蕃王朝称雄于青藏高原，玉树地区属唐朝吐蕃建制苏毗如。玉树境内的吐蕃古墓葬、摩崖石刻等文化遗存，考证了位于青海省西南部的玉树藏族自治州是吐蕃时期文化交流的重要通道，它与中都涉藏地区（卫藏）、汉地唐朝都保持着密切的联系，是唐蕃古道上最为璀璨的明珠之一。唐蕃古道不仅是唐朝与吐蕃之间重要的贸易往来通道，而且也是吐蕃与尼婆罗道相连接，以及汉地与南亚次大陆相沟通的重要文化通道。

通过唐蕃和亲及络绎不绝的使者和商旅经此古道，将中原唐朝的丝绸、茶叶传至青藏高原，又将青藏高原的香料、金银器等奇珍异物输入中原。沿途的一些城市由此成为重要的商品集散地，玉树州府所在地结古镇也因此而闻名，在一个时代里，驿站相连，商贾云集，繁忙万千。

而我们的寻源之行，也将从这里启程。

第一章 离苍穹最近的玉树

在平均海拔4694米以上的玉树，长江、黄河、澜沧江，这三条世界级的大河从华夏屋脊流淌而下。冰川犬牙交错，湖泊星罗棋布，积雪消融，形成数不尽的河流，浇灌出草甸、沼泽与荒漠湿地。在极度偏僻与恶劣的环境下，土地未经开垦，鸟兽未经驯化，十几年前的玉树对于大部分内陆人而言，只是一个远在天边的美丽地名。

/ 离玉树州结古镇 45 公里的巴塘热水沟 / 黄侃淳 摄

2010年，一场7.1级的大地震让玉树以一种残酷的方式“名震天下”。在救灾之余，更多的人走进玉树，了解到在青藏高原的东北端，有这样一片拥有绚烂人文历史和丰富自然资源的土地，一片孕育出三条世界级大河的土地。

三江之源，天上玉树。

远在天边的玉树

随着“咣当”一声巨响，上一秒还坐在副驾驶位置上酣睡的我差点一头顶穿车顶。

“大哥，您这开车还是开船呢？”我一边揉着天灵盖，一边对司机师傅抱怨道。

“不好意思，不好意思，这路沉降得太厉害，一时没看清。”我们的司机李师傅操着一口西北官话，一边表示抱歉，一边把车速降至60公里/小时。这一颠也彻底把我颠醒了，一大清早从西宁出发，算起来我们已经在路上狂奔五六个小时没休息了，也难怪司机师傅分了神。

玉树距离西宁有八百多公里，差不多是从上海到济南的距离，就算一路走高速也要十来个小时才能抵达。驶过花石峡镇后，原本平整的高速路因为冻土沉降的关系成了高低起伏的波浪路，稍不注意，就会体验一把短暂失重或天灵盖PK车顶的刺激。

一年多以前，我也是在这条路上一路狂奔，那是个深秋的傍晚，漫天风雪中，遥远天边那一点点金光也快消失了。目力所及的地方，都被如同深海一般的藏蓝色所包裹，除了路边一辆冲出高速路基的大卡车外，在这段路上

/ 玉树及周边景点 /

我就没看到过其他车辆的影子。我们如同大海中的一叶扁舟，再算上因为高原冻土沉降造成的成片波浪起伏路，完全就是“沉浸式陆地行舟”了。

好在这次不用我开车，我们的司机李师傅是个五十多岁、在青海开了大半辈子车的西北汉子，他的驾龄都快赶上我的年龄了，这让我安心不少。随着一路的颠簸，我们离玛多越来越近，路边的野生动物也愈加丰富。公路边的山坡上，一群群灰褐色的藏野驴特别显眼，大的估摸着有近百头，小的也得有几十头。

再往前开一段，“狼！”我忍不住大声叫了起来。只见右前方不远处，几头体形不大的狼，耷拉着大尾巴，沿着公路的方向，不远不近地吊着一群藏野驴，也不知它们意欲何为。可惜身处高速，连手机都没来得及掏出，只好目送它们迅速地消失在后视镜里了。

相比于大名鼎鼎的川藏、滇藏和青藏线，从西宁出发经过玉树前往拉萨的唐蕃古道显得有些冷门，但对于一个野生动物爱好者来说，这条路却是所有进藏线路中最值得期待的。穿过阿尼玛卿山隧道到翻过巴颜喀拉山口的这段西丽高速，可能是国内目前最容易近距离见到高原野生动物的区域。仅仅是沿着高速前行的几个小时里，我就见到了不计其数的藏野驴（国家一级保护动物）和藏原羚（国家二级保护动物）群，至于大鵟（国家二级保护动物）、红隼（国家二级保护动物）、高原鼠兔、喜马拉雅旱獭之类的动物更是数不胜数。甚至连狼（国家二级保护动物）、藏狐和黑颈鹤（国家一级保护动物）这些平时难得一见的家伙我也见到了好几只，据说还有人在这段高速沿途见过棕熊。但可惜的是，在高速公路上毕竟无法随时停车，大部分人跟这些野生动物也只能打个照面。

第一次知道玉树就是因为2010年的那场大地震。2010年4月14日清晨7:49，4月的玉树天才刚蒙蒙亮，大多数人还在睡梦中。一瞬间，山河破碎，天塌地陷，无数人被惊醒，这场地震将近两千人永远留在了梦里。我还记得那时汶川地震的伤痕还在隐隐作痛，两年前举国悲号的场景还历历在目。当时一听到“地震”两个字，本能地就让人联想到满目疮痍的惨状。情况也的确如此，因为地震的震中就位于玉树藏族自治州州府所在的结古镇。考虑到当年的玉树经济落后，房屋大都还是传统的土木结构，在4·14大地震和紧接着的数次余震之后，整个结古镇几乎都被夷为了平地。而玉树近4700米

/ 焕然一新的玉树城区 / 视觉中国 提供

的海拔和偏远的地理位置又为震后救援工作带来了巨大的挑战。

就是从那次地震的震后报道中，我才第一次听说这个“玉树银花”的地名，第一次知道这个唐蕃古道的重镇所在。之后也渐渐知晓那个传说中格萨尔王崛起的岭国，以及那个文成公主进藏路上停留的地方，都在玉树。

我们今天走的西丽高速西宁　昌都段，几乎和当年文成公主进藏的路线完全重合。当年松赞干布就是在今天的玛多“率其部兵次柏海，亲迎于河源”，短暂停留之后就向南翻过巴颜喀拉山山口，一路向着拉萨进发，这条路在后世也被称作唐蕃古道。一千三百多年来，沧海桑田、人事更替，大唐和吐蕃早就成了旧梦一场，但山河湖海却没有多少变化，于是这条路的大体走向也就没发生多大变动，无非就是吃草的牛马变成了喝油的汽车。

过了巴颜喀拉山山口之后，这条路就顺着路边不宽的查曲一路向下。初时还是一副天地宽广的高山草甸风光，不久就一头扎进了一条峡谷，直到汇入一条浊浪滔天的大河里。这条大河叫通天河，而就在这个汇入点下游几公里的地方，它又有了一个新的名字——金沙江。然后这条大河还将继续奔流几千公里，一路往南，入四川经西藏，夹着川藏两省直奔云南，过松麦河口、奔子栏直至石鼓，接着在石鼓来个180° 的U形大拐弯，生生地在哈巴雪山和玉龙雪山之间冲出一条虎跳峡，继而在四川、云南两省间反复横跳，直至四川宜宾的岷江口。自岷江口以下，这条大河才开始安安稳稳地一路东去，并开始改称为那个我们熟悉的名字——长江。

而过了查曲和通天河交汇口的通天河大桥，我们也算是终于踏进了玉树藏族自治州玉树市的地界。

/ 巴塘热水沟的雪山 / 黄侃淳 摄

玉树之殇

虽说这已经不是我第一次来玉树了，但之前几次都是自己开车匆匆路过，并没有做太多的停留。这算是第一次有时间静下来好好看看这个震后重生的城市。进入玉树市区的第一感觉是这个城市既和之前去过的众多青藏高原上的城市有些相像，但似乎又有那么一些不太一样。

在青藏高原上，千百年来有一套大体相通的城市建设方案：人们大多会选在山间的平坝上筑城而居，但这平坝不宜太大也不宜太小，太大了在动荡的年岁里不好防御，太小了又无法形成一定的人口规模；这坝子得在往来的商道沿途，要有方便进出又方便守护的谷口，谷口还不能太多；要有穿流而过的河流保证水源，这条河最好还得终年不断，至少不能在冬季断流太久。从藏地核心的拉萨、昌都，到各民族混杂的理塘、玉树，几乎所有前藏历史上的名城大多都是依据类似的选址筑城思路。

过了通天河大桥后，峡谷变得更加高耸，最窄处目测可能仅三五百米，直到转过结古寺山脚后，眼前豁然开朗。高山深谷变成了一片开阔的平坝，四周山体虽然依旧挺拔，却没了那种直上直下的狠劲儿。从地理上说，这里算是横断山脉中雀儿山系的西北端和青藏高原上青海高原东南端的交会处，

/ 巴塘热水沟的雪山一角 / 黄侃淳 摄

地貌上开始从横断山脉的高落差峡谷向着青藏高原平缓的高海拔草原过渡。古时的往来客商看到这地貌，大概会大声欢呼一句：“终于不用没完没了地爬山了！”

但和青藏高原上大多数历史名城不同的是，这一路上虽然也是每个村镇都有座红墙金顶的寺庙，从外形上看却无一例外是新修的，有些索性就是

四四方方的筒子楼加了个金顶。还有村子里的房屋，看样貌就知道是这几年新建的。进了玉树市区更是如此，看楼房样式就可以感受到，这几乎是一座新建的城市。个中原因自然也很好理解——2010年4月的那场7.1级大地震。

为了缅怀逝者，以及纪念“大爱同心、坚韧不拔、挑战极限、感恩奋进”的玉树抗震救灾精神，这里建了一座玉树抗震救灾纪念馆。来到玉树的人，基本都会拜访一下这座纪念馆。

/ 刻着时钟的方形石碑 / 黄侃淳 摄

纪念馆位于市区南部、进出玉树必经之路的格萨尔王宾馆遗址旁，占地面积共6303平方米，其中建筑面积2998平方米，遗址占地面积498平方米。整座纪念馆由地震遗址、纪念馆主体及感恩广场三部分组成，建筑分地上一层、地下两层，馆内由序厅、祈福厅和五个主题展厅组成。

还未走进纪念馆，格萨尔王宾馆遗址那歪斜倒塌、靠着钢筋才勉强支撑的墙体，就让人抱以“但愿当时里面没有人吧”的想法。走近，一大一小两块石碑卧在地上，上方一块较大的刻着时钟的方形石碑上，由裂痕组成的时钟和指针定格在了7点49分，下方一块较小的矩形石碑上写着“公历2010年4月14日 农历2010年3月初一 星期三 时间：07:49 震级7.1”的字样。简简单单，却让人心绪难平。

设计师在设计抗震救灾纪念馆的时候，选择了保留坍塌的格萨尔王宾馆遗址作为地上展示主体，而将真正的纪念馆藏在地下。新旧建筑一隐一显，更加凸显了遗址本身的视觉震撼力和纪念意义。在地面上看到的除了坍塌的房屋外，就只有纪念馆的入口，而两者之间围合的广场正是用于每年举行纪念仪式的集会场所。从入口沿着逼仄狭窄的藏红色走廊慢慢向下进入纪念馆的主体，那一瞬间，仿佛把我带回了几年前进入埃及胡夫大金字塔内部的场景，神秘又庄重。

纪念馆主体由地下的两层建筑构成，整体外方内圆。沿着楼梯向下，首先抵达的就是整个建筑中心部分的圆柱形纪念空间，地下一层是个多媒体投影空间，从这里沿着环形阶梯继续向下，走到地下二层，才是纪念馆的主展厅，展厅的中间依然是一个圆柱体的祈福厅。祈福厅中心是成百上千块刻着藏传佛教六字真言的嘛呢石堆成的嘛呢堆，中心最高处是4块面朝四方的刻着佛像的嘛呢石，嘛呢堆两侧各有一块用汉藏双语写着“玉树不会忘记”的嘛呢石对着祈福厅的进出口。整个祈福厅几乎全是暗的，除了中心的一盏射灯照亮着嘛呢堆。四周的环形墙体上，还有模仿星空的点点蓝色灯光。而祈福厅进出口正对的展厅部分同样是两个几乎全暗的矩形空间，里面是用藏传佛教寺庙内祈福用的酥油灯组成的巨大矩阵。展厅四周则用大量图片和实物，展示了从地震发生到震后救援再到灾后重建的一系列过程。展厅算不上大，却花了我们不少时间参观，每一件实物、每一张照片背后可能就是一条曾经鲜活的生命，这种感受让人忍不住心悸。

/ 玉树城区夜景 / 视觉中国 提供

好在今天的玉树已经慢慢走出当年地震的伤痛，新建的城市、整齐的街道、宽阔的广场，很难让人想到这是座曾经几乎被夷为平地的城市，只有跟当地人聊起地震往事的时候，从那深邃的眼神中才能看到一股淡淡的哀伤。

三百年嘛呢

在玉树短暂休整后，我们决定走一段回头路，返回距离玉树市区不远的新寨村。新寨村不大，一脚油门5分钟就能驶过，但这个小村子之前却在我的人生必去清单上躺了很久。如果整个玉树藏族自治州只能推荐一个目的地，那么必定是距离玉树市区（结古镇）3公里的新寨嘉那嘛呢石经城。

凡是到过涉藏地区的人对嘛呢堆都不会陌生，当地人在一块块石头上刻上六字真言、慧眼、神像等吉祥文字和图案，以祈求神灵的眷顾。一般的嘛呢堆由几十至几百块嘛呢石堆积而成，占地不过数平方米，高不过2米。但新寨嘉那不同，这座由几十亿块嘛呢石堆积而成、面积足有十个标准足球场大小的嘛呢石经城，是这个星球上最大的嘛呢堆——没有之一。

石经城由结古寺第一世嘉那活佛于1715年创建。据说他晚年在新寨村静居时，发现一块石头显现出六字真言，从此信徒们开始在这里堆积嘛呢石。三百多年来，无数信徒持续地堆积，这里就从一个小小的嘛呢堆，发展成配有经堂、转经廊、经幡、广场的宏大石经城。或许是数百年信徒供奉的嘛呢石真有神佛的眷顾，虽然和玉树市区仅隔了十几公里，但在4・14大地震中，新寨嘉那嘛呢石经城受损并不严重。

/ 新寨嘉那嘛呢石经城 / 黄侃淳 摄

把车停到石经城前的小广场上，因为刚下过一场雨的关系，石经城前转经的信徒和我上次来相比并不算多。跟着转经的信徒们绕着石经城顺时针转上一圈，孩子们对我们几个游客报以好奇的目光，老阿妈们则操着半生不熟的汉语招呼我坐下一起喝杯茶。这种友善又好奇的氛围让我有些恍惚，要知道，类似的场景，在某些旺季游客比当地人还多的热门进藏线路上，已消失十多年了。

直到现在，新寨嘉那嘛呢石经城的“扩建”工程还在继续，石经城外围是一排排售卖雕刻好的红色嘛呢石的摊子，其中几个摊主裹着黑色的皮围裙在那里一榔头一榔头地专心刻着嘛呢石。嘛呢石大小不一，最小的比手机大不了多少，最大的则需要几个成年汉子合力才可以抬得动。鉴于我们几个是靠码字维生的人，浑身的力气也就比手无缚鸡之力多上那么一点，于是，我们从一个摊子上选了一块iPad大小、写着六字真言的嘛呢石。但付款却遇到了点小麻烦，摊主是个皮肤黝黑、满脸沟壑、看不出多大年纪的藏族大爷，一句汉语不会，也没有收款码，而我们几个已经习惯了用手机支付，身边也没带任何现金。最后还是一位路过的阿佳（藏语“姐姐”）帮我们拆兑了现金，才算让我们如愿捧走了那块嘛呢石。

摊主指引我们从边上的一扇小铁门进入石经城内部，眼前是由无数红色石板搭建的巨大迷宫，迷宫中央是一棵四五米高的银杏树，枝叶繁茂的大树在红色的空间里显得格外亮眼，有几条不规则的小道延伸到石经城高高低低各处。当我还在纠结是否可以踩踏那些写有经文的嘛呢石时，几个康巴汉子合力抬着一块巨大的嘛呢石，大步流星地踏着嘛呢石小道向石经城顶部而去。攀上石经城的顶部，不规则起伏的嘛呢石堆，放眼望去连绵不断，让人联想到红色的波涛，你可以真切地感受到“藏族”“信仰”“三百多年”“数十亿”这几个词共同带来的震撼。

任他时移世易，有些事情、有些力量足以抵御岁月的磨蚀。

/ 上：嘛呢石堆 / 黄侃淳 摄　　/ 下：石经城里贩卖嘛呢石的商人 / 黄侃淳 摄

结古——货物集散之地

结古镇是现在玉树市的市中心，同时也是玉树藏族自治州州府所在地。“结古”一词在藏语中是“货物集散地”的意思。据留存的历史资料记载，四川雅安每年要发出九万坨茶叶到结古，然后由结古发五万去拉萨，留四万在青海南部各蒙古族、藏族聚居地销售，可以说，结古历来都是青、川、藏三地的重要贸易集散地和交通枢纽。

而在吐蕃时期，整个玉树地区都是唐蕃边境上的军事重镇，据说当年文成公主进藏时就曾在这里停留了一段时间。由于吐蕃方面相关历史记载的缺失，后人对于文成公主和松赞干布在柏海（今扎陵湖和鄂陵湖）会面后，具体的进藏线路和沿途停留点存在着不少的争议，但至少结古镇周边众多和文成公主有关的、有着上千年历史的壁画证明了结古镇的确是文成公主曾经停留过的地方。

根据结古寺僧人的记载，文成公主与松赞干布在柏海会面之后，迎亲队伍翻过巴颜喀拉山、跨过通天河之后，来到玉树境内的白纳沟，并在此逗留了一个月。在此期间，文成公主命工匠在崖壁上雕刻了大量佛像和石刻。六十年后，大唐和吐蕃再次联姻，金城公主入藏又途经了白纳沟，看到当年文

/ 文成公主庙 / 喻鹏 摄

/ 文成公主庙 / 视觉中国 提供

成公主命人雕刻的佛像饱受风雨侵蚀，于是命人在佛像上加盖了佛殿，这便是今天的大日如来佛堂。

大日如来佛堂建立至今已有1300多年的历史，寺中九座佛像都是唐朝原物，虽历经千年，依旧保存完好。也许是因为居中端坐莲花狮子座上的大日如来佛身穿汉族服饰，来这里参观祭拜的汉人穿凿附会，把大日如来佛当成了文成公主，久而久之，往来玉树的汉人就习惯把这里当作文成公主庙。

寺庙规模不大，确是依着汉地寺庙的选址坐北朝南、面临溪流、依崖而建，庙后山崖上是一圈木栈道搭成的转经路。我们去的时候寺庙里仅有一个僧人在低头刷着抖音，进入大殿需要脱鞋。所谓的大殿其实是在开凿的一个大型石窟佛龛外加盖的一层挡雨外壳，有三四层楼高，而且是两进的土木结构，看建筑的样式和材料，外头那一进可能还是最近这十几年才建的。最里头的大日如来佛堂并不大，我们一行四五个人进去就显得有些局促了，四周石壁上的酥油灯都已经黝黑锃亮，只有部分佛像还保留着色彩，估计是一直有人维护擦拭并上色的缘故。

佛堂不大，五分钟就可以逛完，但我们来来回回转了好几圈也没见到传说中的摩崖石刻在哪里。问了专心刷抖音的喇嘛才知道，文成公主留下的摩崖石刻并不在殿内，而是在殿外右侧转角的崖壁上。出了殿，拐个弯，在殿外一处看着像是后厨巷道的地方，可以看到石壁上大大小小的石刻，光看颜色和风化程度就知道这些石刻的时间跨度可不短。喇嘛指着其中几处风化侵蚀较为严重的石刻说，这就是当年文成公主派人刻的。

大日如来佛堂所在的白纳沟今天叫勒巴沟，藏语是“美丽沟”的意思。这条沟呈圆弧形，东北入口在通天河和巴塘河的交汇处，西南出口在结古镇以南大约5公里的巴塘草原。这条沟全长大约20公里，据说除了大日如来佛堂边上的这处，沟内至今留存着不少文成公主时期的摩崖石刻。为什么是“据说”呢？因为这些摩崖石刻实在太隐秘了，沿途虽有几处指示牌，但我们跟着指示牌的指引走到山脚下，甚至爬遍了整座山头，也一无所获。我一个人在海拔3500多米的地方爬了半个多小时的山，快把肺都喘出来了，什么都没发现，然后接到同伴的电话：“回来吧，我们找到了，就在山脚下刚刚经过的地方……”

经过几千年的风吹日晒，有些摩崖石刻仅仅是在崖壁上还留有浅浅刻痕的白描线稿，要不是非常仔细地沿着石壁一寸一寸地寻找，的确非常容易错过。但这丝毫无损石刻的精美，大唐审美的丰裕端庄“跃然崖上”。

勒巴沟里有两幅非常著名的摩崖石刻，分别是《礼佛图》和《三世佛图》，可惜我们在沟里找遍了指示牌指示的摩崖石刻，几个人大眼瞪小眼地对着手机里找到的图片，又对着岩壁进行“大家来找茬”游戏，最后瞪得眼睛都酸了，也没有找到这两幅著名的石刻。就在我们准备放弃选择离开、在沟口的检查站例行登记的时候，我看到背后不远处一面崖壁前围着不少经幡，估计也有个摩崖石刻，看经幡的规模，这个石刻可能还不小。

等走到稍近点的地方，几株两三米高的树把石刻挡了个七七八八，从外头探寻什么也看不到。只有走到近前，从明显修剪过的树杈空隙里，一眼看去——这不就是我们寻觅许久的《礼佛图》吗?

从石刻的保存完好程度和雕刻精美程度，这两幅都堪称谷内我们所见所有摩崖石刻中最精美的。其中《礼佛图》更加清晰一些，大日如来佛宝相庄严居中而立，背后佛光闪耀，佛陀左手持莲花，右手施“与愿印”。在佛陀右手边则是三个供养人的形象，造型依次是男性贵族、女性贵族、仆人的形象，体形也依次缩小。要说繁，这人物的面目只是几笔简画，堪堪看得出眼耳口鼻而已，但要说简，这人物的帽饰、发型、衣带甚至神态却画得清清楚楚明明白白。据称，最左侧的供养人形象似乎是松赞干布，因此这幅壁画也被称为《松赞干布礼佛图》。但从人物的服饰上看，这种说法似乎有些牵强。不过对于研究唐朝吐蕃时期人物服饰的人而言，无论如何，这幅摩崖石刻都算是非常珍贵的第一手资料了。

石刻面向滔滔的通天河——从严格的地理学角度说，从这开始应该叫金沙江了——再往北走两三公里，通天河畔还有个指示牌写着“唐僧晒经处”，相传是唐僧师徒西天取经归途，被通天河老鳖甩进河里后晒经书的地

/ 结古寺 / 视觉中国 提供

方。这所谓的古迹当然只是不知道哪个年代的后人“蹭流量”的结果，但有趣的是，从所在位置也可以大概猜到，几百年前的汉族人对于长江或是通天河的认知，到汉藏兼容的结古也就差不多到头了。从这里往上是“通天”的大河，往下是滚滚“金沙”的大江。而我们的长江寻源之旅也将从这里，离开手机信号和网络，开始真正的荒野寻源。

岩画：通天河沿岸的古代『绘本』

——人物专访 玉树历史文化研究院院长甲央尼玛

在通天河所流经的两岸崖壁上，散落着大量古代先民留下的岩画，这批岩画的年代大部分在距今3200～2600年，最晚的也在1500年之前。岩画内容丰富、数量可观。玉树历史文化研究院的院长甲央尼玛研究通天河流域岩画多年，他为我们揭开了这批古代“绘本”的秘密。

2013年，甲央尼玛偶然在一处闭关洞附近刻满经文的崖壁上发现了一幅动物图案，几经比对确定是岩画后，他意识到通天河流域可能存在大量岩画，从此便开始了系统调查玉树岩画的工作。之后的2年多里，甲央尼玛与助手在通天河沿岸寻找并整理岩画，共计发现了2000多个岩画图形，基本完成对通天河流域的岩画考察。

对于每个岩画点，甲央尼玛都会多次到访考察，有些甚至会去五六次。大多数岩画不挨着干道，常常需要翻山越岭。甲央尼玛向我们回忆：“有一年隆冬，我和两位助手在海拔4500米的昂然岩画点考察，那天狂风凛冽，我们虽然穿了几件羽绒衣，仍冻得直打哆嗦，只能跪着画了一个多小时的岩画草图。”为了系统整理通天河岩画，他们的考察过程充满艰辛和危险。“2015 年 10 月，我无意间听到转山牧民说见过和我手机里的岩画照片相似的图案，就立马找了一位向导带路。果然发现了岩画，结果我忙着记录图案位置、制作拓片，直到天暗下来才想起我们是徒步进山的，还得绕着山走出去。天黑外加对山路不熟，走得异常惊险，有些地方得手脚并用，因为崖壁下面就是汹涌的通天河。走到筋疲力尽时发现前面还要翻座大山才能抵达。身上背的相机、拓制工具和材料平时不觉得有多重，但那时感觉重如千斤。一步步翻下山，走到停车的位置时已经是凌晨两点多了。”

通天河岩画的内容以游牧逐猎的场景为主，一般以单幅或多幅的形式出现在同一岩面上。通过整理与研究，甲央尼玛发现，通天河岩画大致可按“顺流而下”的顺序，呈现出不同时期的内容和制作手法。曲麻河的几处岩画最靠近源头，多为通体凿刻手法，是属于较早时期的岩画遗存。这是青藏高原岩画中最古老的制作方法，通过垂直打击法敲凿出一个个大小不均的麻点，并使其连成一片，最终敲出动物的整体轮廓。岩画内容以牦牛为主，鹿为辅，也有虎、豹、猴、岩羊、骑马人等形象，动物造型主要为侧面，手法和内容上与野牛沟岩画有明显的相似性。这一时期还出现了手持圆鼓和身披方格服饰的“巫师形象”，应该与早期苯教的神灵崇拜有关。

当通天河从广阔的草原地带过渡到山石峡谷地带，制作手法转为线刻涡轮法，内容上鹿代替牦牛成为主角，并出现了鸟瞰式构图。而当通天河流到尕朵觉悟地界，风格又逐渐转化为朴素线刻法，以简单的几何或线条来表现动物的轮廓。依据岩画分布，甲央尼玛认为通天河流域的岩画可基本总结为：上游是通体写实法，中游是涡轮表现法，下游是朴素简笔法，但也存在几种表现形式交叉出现的情况。

甲央尼玛为我们列举了几幅有代表性的岩画。治多县的苏轨岩画02号，为岩面朝上，以一个点为中心，采用环绕构图法，岩画中出现了6只牦牛、2只鹿、2只犬和3个不明生物，需环视观图，是玉树境内独有的一处。称多县的木苏岩画03号，岩面上绘有5头鹿，鹿身上有一道代表肌肉的纹饰，左侧1头通体凿刻的鹿，背后有1只犬，右侧自上而下排列着4只鹿，从第2只鹿开始，每只鹿背后都有1只犬在追击，鹿的体态又各不相同，形成一种特别漂亮的组合方式，是一幅非常生动的逐鹿图。

2019年在称多县发现的2个人面像与之前发现的岩画差别很大，人面基本为正圆，秃头，浓眉大眼，三角鼻，一字嘴，嘴角两侧有两条下划线，面目稍显狰狞，是玉树的孤例，目前还没有办法给出具体的断代。

玉树境内目前已发现52个岩画点，单体图像近7000个。甲央尼玛认为通天河岩画的发现，证明在原始时期就有人类在长江源一带繁衍生息。这些岩画是藏东岩画的重要组成部分，为我们了解先民的生产、生活和社会状态提供了最直接的证据。

/上：通天河岩画/黄侃淳 摄　　/下：通天河岩画/黄侃淳 摄

冬虫夏草，玉树人的创收之道

专题 何望若

/ 虫草老板的囤货 / 黄侃淳 摄

假如你在5月中旬至6月中旬前来玉树，可能看不到放牧的牧民——此时他们都在山上，手执小铁锹，弯腰弓背紧贴地面，一寸一寸地毯式搜索虫草。假如你想深入一些非常规景点，可能会四处受阻，因为各片山头已经为收割虫草而开启“圈地运动”，外人非请勿入。这是玉树人一年一度的虫草季，这一个月能从山上取得多少虫草，直接决定一个家庭一整年的收入。脱贫指望虫草，致富也靠虫草，山上挖虫草，山下收虫草，“青海虫草看玉树”，每年虫草季，几乎整个玉树都围绕着这根几厘米长的小东西运转，虫草也撑起全州经济的半壁江山。那么，虫草到底神奇在哪儿？

◆ 冬虫夏草，神奇的菌丝体

虫草有近千种，并不是所有的虫草都叫冬虫夏草。冬虫夏草产于海拔3500～4800米的高原，是一种蝙蝠蛾虫被真菌侵入后生长出来的菌丝体，为肉座菌目麦角菌科虫草属真菌冬虫夏草菌。虫是蝙蝠蛾的幼虫，夏季，蝙蝠蛾于地面产卵，约一个月孵化成幼虫，幼虫钻入潮湿松软的土壤里，以植物根茎为食。土壤表面生长着虫草菌，遇雨渗入地下，与蝙蝠蛾幼虫“千里姻缘一线牵”，随后寄生在幼虫身上，在其体内生长，并形成真菌丝，真菌丝在幼虫体内蔓延、蚕食，直至充满整个虫体，对幼虫完成绞杀。春天来临，冰雪消融，潜伏在幼虫体内的真菌丝一点一点冒出地表，头上尾下，长成一根紫红色的小草，顶端有一个菠萝状的囊壳，这就是“夏草”。

如此一根冬虫夏草，可解构为子座（本地人称为“把子”）、嘴、头部3对足、腹部4对足、尾部1对足，身体呈黄色或黄棕色。冬虫夏草的大小、颜色、干度、产地决定了它的品质和价格。虫体越大越好，足得清晰但不能长，因营养集中在身体，足长会额外增加不必要的重量。子座又红又短的比又黑又长的质量好。冬虫夏草主要分布在怒江、澜沧江、金沙江三江流域的上游，在西藏、青海、四川、甘肃、云南都有，而海拔更高的西藏那曲巴青

王愔嫣 绘

县和青海玉树杂多县的虫草产量和质量普遍要比别处高。

藏医药最早发现冬虫夏草的药用价值，冬虫夏草这个名字也是从藏语“牙加梗布”翻译过来的。明朝藏医药南派创始人宿喀·娘尼多吉在其所著的《藏医千万舍利》中，提出冬虫夏草有祛风、利胆、益精的功效，清朝另一位藏医大师松巴·益西班觉也指出冬虫夏草可益精壮阳。清朝时，中医开始研究冬虫夏草，《药性考》中记载：“冬虫夏草味甘、性温，秘精益气，专补命门。”吴仪洛的《本草从新》也提到了冬虫夏草，“甘平保肺，益肾，补精髓，止血化痰，已劳咳，治膈症皆良。”以上无论是藏医或中医所言，其实功效都算不得稀奇，可随着时间的推移，在专家推荐和民间炒作的双向发力下，冬虫夏草（以下简称虫草）演变成包治百病、起死回生的灵丹妙药。它的价格也在20年间水涨船高，品质最好的虫草一斤就高达几万块，堪比“软黄金”。

◆ 想致富，挖虫草

玉树的西郊和南郊各有一处规模庞大的虫草交易市场，集中于这两处的冬虫夏草交易量占全国38%。每到五六月份的虫草季，交易市场一片热闹，买卖虫草的人熙熙攘攘，生意格外红火。我们调研时，距离今年第一批虫草进入市场还差一周。眼下两个市场都冷冷清清，虫草老板拿出去年的老草给我们看。这一斤有1200根，开

/当地人在挖虫草/黄侃淳 摄

价93,000元人民币，仅从数量上看这批虫草的品质算上乘，识货的本地人告诉我们这个价格已高于去年的均价。几乎每个虫草商手里都有一些干草囤货，并非卖不掉，而是因为虫草价格持续走高，便刻意将一部分虫草晒干了囤积着，等待价格上涨后再出手。

虫草并不是玉树的新兴产业，从有典籍记载虫草开始，玉树人就已经开始挖虫草了。计划经济时代，青海每年出口几十吨冬虫夏草到东南亚换取外汇。我们在玉树市内走访了国家公职人员、商人、教师、司机等，尽管他们都不从事虫草行业，但几乎都有过儿时跟长辈上山挖虫草的经历。

虽然采挖冬虫夏草的历史由来已久，但虫草并非一直身居高价。20世纪五六十年代，1公斤虫草只能卖几毛钱，到了20世纪70年代，1公斤虫草的收购价也只有20多块。杨欣在其所著的《长江魂》中，对虫草的行情也有记录："曲麻莱出产虫草，每天都有周围的牧民到我们驻地兜售，三毛钱一根，内地一根要卖到一块钱，据说虫草是营养价值极高的补品。”文中指的是1986年6月底。大约从20世纪90年代起，冬虫夏草开始在内地市场上热门起来，挖虫草开始成为玉树本地牧民的主要经济来源。2006年，冬虫夏草的价格第一次突破每公斤10万元，近10年间常被炒到每斤20万元。本地虫草商向我们介绍，最近几年虫草的价格平均在7万～8万元/斤，仅在2008年和2015年有过小幅下跌，总体呈上涨的趋势，据他们估算，从20世纪90年代初到现在，虫草的价格已经翻了10倍。

随着我们的行程往玉树周边各县推进，越发能感受到“虫草定乾坤”的力量。普普通通的宾馆，价格却直逼省会商务酒店。原本我们计划在治多县拜访一位格萨尔王说唱艺人，但到访时被告知他已进山挖虫草，因而与之错过。某天傍晚，街上不见大手牵小手放学回家的人群，县城忽然变得安静，司机告诉我们，这是放虫草假了。从5月中旬到6月中旬，全玉树的中小学，除了六年级、初三、高三的学生外，其他孩子都会放一个月的虫草假，大多数孩子会跟着父母上山挖虫草，他们的老师可能也去挖虫草了。

虫草是普通百姓的主要收入来源，很多家庭就指望这一个月挖虫草的收益维持一整年的生计，他们通常会带上帐篷和一个月的生活物资，吃住都在山上。像在杂多县、囊谦县这两个虫草产量最高的县，如果家里有五六口人一起上山挖虫草，运气好的话一天可以挖一两百根，有些家

/ 刚挖到的虫草 / 黄侃淳 摄

庭一个虫草季可以挣到三四十万元。为了保护当地百姓的收益，属于本村、本社地盘的虫草只给本村、本社的人挖，外人若想来分一杯羹，得先购买草票，外人还区分本县和非本县，在虫草质量好、数量多的山坡，同县的外地人购买草票约需几千块，非本县人则需要花上万块。

虫草在改善当地人生活的同时，也曾因过度采挖威胁生态环境。好在经过自上而下的环保教育后，如今牧民们都很自觉，采挖时不会破土很深，挖完会将土回填，除了带走自己的生活垃圾，也有专门上山收垃圾的人。取之有道才能源远流长，于虫草、于生态，皆是如此。

见证唐蕃古道的勒巴沟摩崖石刻

何望若

专题

/三号点：恰冈/旦增桑周 摄

勒巴沟素有“山嘛呢，水嘛呢”之称，除了溪谷中大量凿有六字真言的嘛呢石常年被水冲刷，两侧山崖上还有150余处极具历史意义和艺术价值的摩崖石刻，据考证，这些石刻多为吐蕃时期的作品，为确定唐蕃古道和文成公主进藏线路提供了有力证据。玉树历史文化研究院的院长甲央尼玛认为这些摩崖造像不是孤立存在的，它与北起祁连山扁都口、南至芒康盐井的摩崖石刻形成了一条贯穿南北的通道。

勒巴沟的摩崖石刻主要分布在四个点，其中一号点的《礼佛图》最清晰，二号点内容最丰富，这两处均为阴线石刻，三号点为浮雕，而四号点则为孜曲沟，分布着大量佛塔，前往相对不易。

◆ 一号点：古秀泽玛

一号点就在勒曲河汇入通天河的勒巴沟沟口处，崖壁上的《礼佛图》为勒巴沟内最有代表性、细节最清晰的石刻作品。

《礼佛图》高约3.8米，宽约3米，为阴线刻，画面左右布局，右侧为一尊立佛像，左侧为几位朝佛者。右侧的释迦牟尼立于仰覆莲座上，身穿通肩袈裟，右手下垂，掌心向外施与愿印，左手持一朵莲花置于胸前，身后有椭圆形火焰纹头光和身光。几位朝佛者中，第一位手持香炉跪地仰望释迦牟尼；第二位头戴吐蕃赞普典型的塔式缠头，双手捧一大钵，身体前倾做献礼状；第三位是身披无领裘皮大氅的女子，双手执八瓣莲花；最后一位发髻与第一位一样，双手合十于胸前执圆瓣莲花。学者根据画面中人物的高矮、服饰等，推测他们是松赞干布和文成公主，及文成公主的仆人，并做出石刻雕刻年份为8世纪中叶至9世纪中叶的断代结论。

在《礼佛图》东边5米，还有一幅《三转法轮图》，包括一尊坐佛、两尊菩萨和几种动物，佛与菩萨的面部都已残缺，画面整体也不够清晰。

◆ 二号点：吾那桑嘎

二号点在进勒巴沟后约1.5公里处，由5幅摩崖石刻组成，表现了从佛诞到得道、涅槃的过程，合为一组完整的轮回图，表现手法与一号点一样为阴线刻。但这处石刻点由于崖壁风化严重，有多处裂隙和岩面脱落，不太容易辨认。

《佛诞生图》是这组摩崖石刻中内容最丰富的一幅。画面中心是一棵树，摩耶夫人右手捻花站在树下，右肋下站着小立佛，树旁有七朵竖排的莲花，与释迦牟尼诞于腋下和七步生莲的故事相符。摩耶夫人旁有一位人首龙尾的形象，或为佛诞时现身的龙族。而在树的另一侧，拥有三面四臂、跪坐着的为梵天，站立者是帝释天，其呈外八字的双脚和脚边的细颈罐十分清晰。树冠左右有驾祥云的飞天。图左侧还有11行藏文题记，描述了佛陀诞生的过程。

崖面最南端的是《猕猴供蜜图》，画面上方为一佛二菩萨，下方为一猴二菩萨，此处岩体开裂、岩面斑驳，若非依靠右下角的藏文题记，几乎无法辨认。右上方《讲经图》里的几尊佛像更是模糊难辨，下面的《无量寿经》和《般若波罗蜜心经》藏文题记相对更清晰些。更高处一块有严重裂痕的岩面上是《天降图》，表现的是释迦牟尼成道后上天为母说法的故事，但因雨水冲刷和泥浆覆盖，图像很模糊。右侧还有一幅保存状况更差的《涅槃图》。

◆ **三号点：恰冈**

沿勒巴沟继续深入1公里，就会到达3号点，这里的摩崖造像为减地浮雕。画面中心为头戴三叶冠、结跏趺坐于莲座上的大日如来佛，背后有单层蹄形头光和双层蹄形身光，莲座下有双狮。大日如来佛右上方有两位飞天，下方狮子座左右各一尊菩萨。这处石刻的总体轮廓比较清晰，但人物面部细节都已风化。

◆ 四号点：孜曲沟

四号点位于勒巴沟深处往北的一条山沟内，这里散落着大量覆钵式佛塔，塔上有线刻或浮雕的图案、六字真言等。只有第一处佛塔（坐标东经32° 55′ 35″，北纬97° 13′ 31″）位于沟口外，其他佛塔需要徒步向上攀爬一个半小时才能抵达。沟内近百座佛塔中，除了二号巨型佛塔（坐标东经32° 55′ 42″，北纬97° 13′ 30″）为明清时期的风格，其他皆为吐蕃时期的样式。

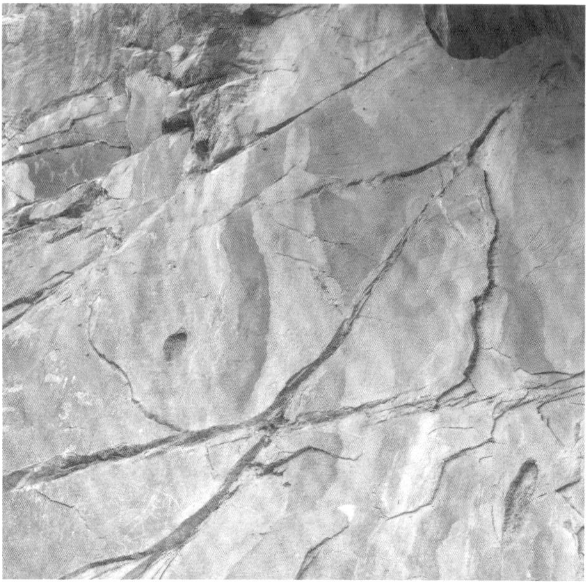

/ 上：一号点：古秀泽玛 / 旦增桑周 摄　　/ 下：《猕猴供蜜图》/ 旦增桑周 摄

/ 一号点：吾那桑嘎 / 曰增桑周 摄

从结古镇到玉树市，千年贸易之路

专题 何望若

/ 玉树城市夜景 / 视觉中国 提供

站在当代山观景台上眺望玉树城区，才能真正领略这座簇新的城市规模之大、发展之快。2010年的大地震让它成为全国的聚焦点，在那之前，很多人甚至不知道玉树在哪里。它没有太过波澜壮阔的历史，却自古商业繁荣，是唐蕃古道和茶马古道上的重要贸易集散地。从昔日的羊毛、茶叶贸易，到今天的冬虫夏草，商贸就是刻在这座城市基因里的标签。

◆ 古老的结古，茶马互市的中转站

大地震之前，玉树还未设市，州府名叫结古镇。对于汉地中心，那是世界的荒凉偏远处，但在藏族文化圈里，这里沟通拉萨，商旅往来频繁，百年前就能在这里的市场上看到藏汉两地的商品、俄罗斯的火枪、印度的干果，以及经拉萨从印度进口的英国、德国、日本、印度的货物等，结古镇无异于物流畅通的商业港口。

结古镇位处青、川、藏三省区交界的交通要道，为它奠定了货通八方的地理优势。历史记载："茶商以山路险峻，又艰于雇牛，故取道结古，以期省便，是结古为茶商必由之路明矣。"唐末宋初至民国时期，汉、藏两地间形成了一条进行茶马互市的贸易古道，结古镇与四川康定、西藏昌都并列为"藏地三大商贸集市"，串起了茶马古道上的贸易。

民国初年，结古镇有2000余家商户，经营的商品不下百余种。陕西、山西、甘肃、青海、四川的商人云集结古镇，山西商人将结古产的羊毛先销往西宁和甘肃，再中转销往北方的天津等城市和港口，四川商人将羊毛先带到打箭炉，然后经重庆和汉口的码头，运往上海。19世纪，结古镇通行的货币不是黄金白银，而是印度卢比。1918年，英国领事台克满记录了他在结古镇的所见所闻："镇子广场的一间大房子里，挤满了中国内地的商人。五六个商人坐在箱子和凳子上交谈，他们来自山西，在打箭炉有店铺，来这里用棉花、茶叶、白醋、白兰地、烟草、瓷器、铜器等，交换藏族人的皮草、牦牛、羊皮、麝香、金沙、鹿角、大黄和羊毛。他们边向我展示陶器边告诉我，'藏族人没见过这些东西，会对我们的商品特别满意，我们独来独往，没有竞争对手，生意非常好做。尽管有时会遇到土匪打劫，我们还得从他们手里赎回商品，但总的来说生意是不错的。'"即便在1937年抗战爆发后，一些羊毛产品也多经结古转拉萨，通过印度出口。

◆ 年轻的玉树，年轻人的玉树

2010年4月14日的玉树7.1级大地震，将这座高原小城彻底撕裂，除了格萨尔王雕像屹立不倒，其他建筑不是被夷为平地，就是损毁严重，近3000人被倒塌的房屋夺去了生命。经过多年重建，不仅城市焕然一新，结古镇也晋级为玉树市，巧合的是，“玉树”在藏语里本身就有“废墟、遗址”之意。

从废墟中重生的玉树市恢宏又气派，站在结古寺或当代山观景台俯瞰，你很难想象山下360° 延展的城市才建成10年。街头的现代建筑混搭着不同的藏地元素，格萨尔广场旁的州图书馆等公共建筑俨然是拉萨风格，巴塘河畔的商业用房和民居又能窥见川西崩科民居和丹巴碉楼的元素。街头美食融汇川菜、藏餐、清真菜，乃至西餐，年轻人喜欢的奶茶店也遍地开花。精心打造的康巴风情街上生出了“网红”气象，几家尚未挂上“大众点评”的精酿酒馆、咖啡馆，装修风格足可对标大城市。

沿着巴塘河岸的木栈道，一直向东走，会看到一片杨树林，那是一个多世纪前，江拥罗松江措活佛从内地带回的杨树种子，如今已经繁衍成林。康巴风情街中心有一面描绘文成公主进藏和亲的浮雕壁画，提醒着人们唐蕃古道的往日荣光。不要奢望在新生的玉树寻觅历史的踪迹，玉树已经有了新的经济支柱——冬虫夏草，街头奔驰的豪车、一身名牌的年轻人，都是虫草致富的受益者，连寺里的僧人都没能绕开这条产业链。古玩集市是全城最有藏地气象的地方，市场上兜售的蜜蜡、天珠、藏刀、佛教用品等，让人联想到拉萨八廓街上的“生意经”，但缺了朝圣的气氛烘托。倒是一河之隔的小广场让人眼前一亮，年轻人在那里搞起了后备箱集市，古玩集市上的鸡血藤、藏饰和日用品等在这里得到了创意的升华，形式与内容都很棒，唯独少了点人气，打扮入时的摊主们坐在天幕下自产自销咖啡和鲜啤，有些只是趁着中午工休的几个钟头来摆摊，看得出他们意不在挣钱，这是属于小城青年的诗和远方。

今天的玉树，商业依然是发展之根，地理上它也依然偏远，但年轻人紧跟时代，将大都市流行的东西带进家乡，就如百多年前出现在结古镇街头的洋货，这座城市一直在用商业与世界接轨。

第二章 在朵朵觉悟转山

用身体丈量，用双脚崇敬，用信仰膜拜。

藏族人相信山有山神，湖有湖神。一圈又一圈的行走和磕头，通过身体的苦难，寻得居于的神佛庇佑，洗尽自身的罪孽，在五百轮回中免下地狱之苦。一步又一步，一遍又一遍，一代又一代……千百年来，藏族人用转山的方式寻求内心的安宁和解脱。

/ 尕朵觉悟 / 黄侃淳 摄

转山是多维度的——知识给予深度，情感给予温度，信仰给予厚度。在城市中生活的我们也学着尝试通过转山的方式接触自然本身的灵性，唤醒内心深处的自我。

山在那里，那么路在哪里？

数千年来藏族人都笃信山水有灵——山有山神、湖有湖神。

也许是因为古时人类在大自然面前实在过于渺小，从蒙古高原到太平洋岛国，从北极的冰原到中东的沙漠，这个地球上生活在高原、海岸、草原或是沙漠等自然环境多变地区的人们，相较于生活在舒适宜居地区的人们来说，往往有着更强烈的信仰。在这些地方，人们不得不把生活甚至生存的希望，寄托在传说中居住在遥远雪峰之巅或是蔚蓝大湖之底的神明们。千百年来，生活在青藏高原信仰原始苯教的藏族人，也是通过诵经、煨桑、磕长头、转山甚至献祭的方式，祈求居住在神山圣湖中的神明能够大发慈悲，给予生活在这里的人和煦的气候、安康的牛羊、丰美的水草，以及家人的平安。而当藏传佛教逐步取代苯教的地位后，喇嘛们不但保留了这部分对于神山圣湖的崇拜，还根据各地的传说，对于神山圣湖的“编制”加以扩容，以至于没有人能够真正说得清楚藏地到底有多少神山，多少圣湖。

不过，不论藏地有多少神山圣湖，在所有神山中排第一的永远是位于阿里的“世界中心”——冈仁波齐。至于剩下的几座就见仁见智，各有各的说法了。其中既包括海拔7000多米的南迦巴瓦，也包括垂直落差不足百米的

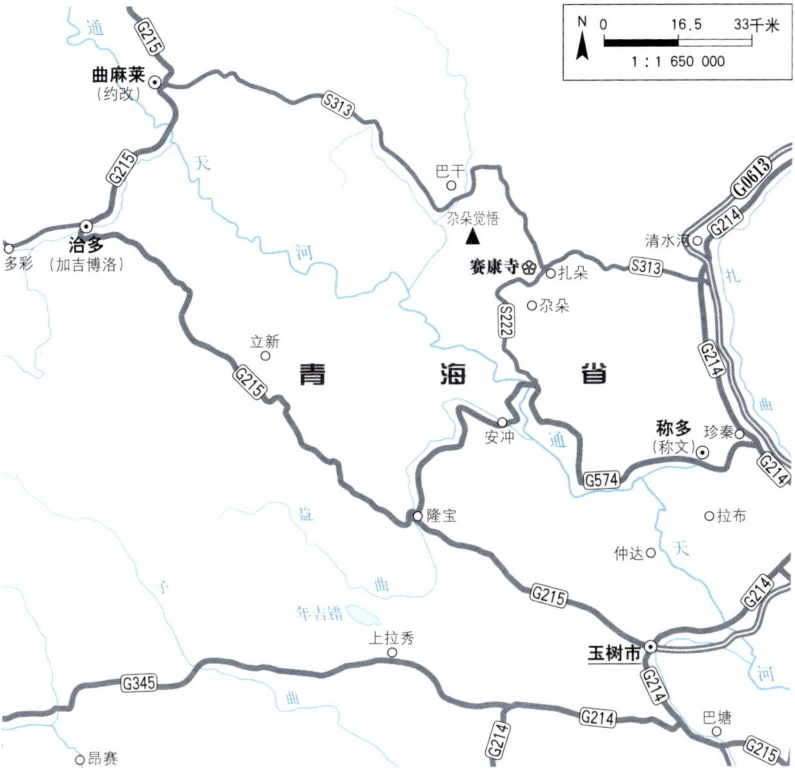

/ 尕朵觉悟及周边 /

"迷你神山"乃嘉玛，所谓的藏地四大神山，可能有十几甚至几十个版本。但如果我们把神山的范围框定在青海的康巴涉藏地区，那么不管是哪种神山的分法，位于玉树的尕朵觉悟都绝对是可以位列四大神山的。

尕朵觉悟又被称为尕朵觉沃，由主峰及几十座环绕的山峰组成，其中主峰海拔5395米，藏语又称"觉悟夏尕"，意为"白圣客"。在藏族传说中，尕朵觉悟是一位智勇双全的将军，而尕朵觉悟是他的化身，其周围28座山峰分别是尕朵觉悟的7位战将、7位神医、7位铸剑师和7位裁缝师，其余的山峰

则是他的奶奶、子女等。尕朵觉悟的“尕朵”是“嘎巴旦麻”的简称，“觉悟”意为至尊或主神，尕朵觉悟加起来就是“上噶巴域主神”，即“上康区主神”的意思。

远在吐蕃王朝时期，吐蕃的赞普就将尕朵觉悟奉为涉藏地区的主要神山进行朝拜供奉。在藏传佛教经典《甘珠尔》中的《大集经》里，有关于佛祖释迦牟尼的详细阐述，以及介绍尕朵觉悟拜师取经时的远大祈愿、积德行善

/ 尕朵觉悟山峰 / 黄侃淳 摄

的无私无畏、悟道成佛的无量慧能和赐福生灵的无限功德等描述。而在藏地史诗《格萨尔王》中，也有格萨尔王把许多珍宝供奉给尕朵觉悟的诗篇。

尕朵觉悟浓重的宗教色彩，让藏族人对它敬畏有加，可不知为何，鲜有涉藏地区之外的旅行者知道这座大名鼎鼎的神山，前来游览或转山的更是寥寥。大多数旅行者都被吸引去了果洛的阿尼玛卿神山。得益于此，尕朵觉悟相较于其他几座神山更为安静，却也更具神秘感。作为康巴涉藏地区重要的

/ 转山路的起点赛康寺 / 喻鹏 摄

神山，尕朵觉悟自然少不了“转山、转水、转佛塔”的转山路。而作为一个藏文化和户外徒步的双重爱好者，既然来了尕朵觉悟，不转个山似乎不能算是真正到过这里。

尕朵觉悟的转山道分为“内转”“中转”和“外转”三条路。“内转”指的是主峰的转游，以路途陡峭著称，全程用时最短，只需半天就可转完。

但根据涉藏地区习俗，只有高僧大德才可以走这条路，甚至女性都是禁止前往的。一般来说，当地藏族人和旅行者都会选择“中转”，全程大约60公里，2～3天就可以转上一圈，年轻的藏族人甚至一天就可以转完。“外转”是绕着尕朵觉悟外围转一大圈，其中需要经过通天河，全程至少需要9天时间，且只有冬季通天河冰封之时才可以完成。

只是让我没想到的是，尕朵觉悟因为太过冷门，即便是最大众化的“中转”线路，在网上能找到的也只有非常笼统的描述。不但无法提供准确有效的信息，甚至连尕朵觉悟转山的起点都语焉不详。

经过多方打听我们才知道，虽然根据某中文搜索引擎的百科介绍，尕朵觉悟位于称多县，转山路的起点是位于称多县扎朵镇以西尕朵觉悟东坡的赛康寺，但实际上，传统的转山起点并不在此。更为准确的描述尕朵觉悟的地理位置，是位于称多县和曲麻莱县的交界处，传统转山的起点是一个当地人称作“拉轿口”（发音）的牧场，位于曲麻莱县巴干乡以南尕朵觉悟西坡。此地就连导航软件都搜不到。网上所说的赛康寺，当地人更愿意将其作为两天转山途中过夜住宿的选择。

但不管怎么样，既然确认了起点，剩下的就容易了。我想着：那么重要的一座神山，途中肯定少不了转山的信徒，跟着走就是了。结果现实又给了我们当头一棒，据当地文旅局工作人员说：“一年一度的虫草季到了，没人转山也没人可以当向导，大家都在挖虫草。而且这个季节山上雪很厚，山里还有棕熊，你们最好别去。”看工作人员那表情分明就是在说：你们可别转着山，变成给棕熊送外卖的了。

于是我们陷入了一个可笑又无奈的境地——山就在那里，但路在哪里？

转山“作弊”计划

我们这次三江源调研的时间颇为紧张，而因为错误的信息，我们在尕朵觉悟东侧的称多县城几乎耗费了一天的时间。计算了一下剩余的日程，如果没办法在一天内完成转山，我们可能只有放弃转山的计划了。

在研究了地图、卫星图、手机软件上唯一可以找到的尕朵觉悟徒步线路轨迹，并综合多方信息后，我发现在尕朵觉悟的东坡和西坡分别有十公里左右的转山路是可以靠汽车通行的，如果用汽车在这两段进行接驳，再算上从称多县扎朵镇到赛康寺十几公里的碎石公路，原本全程58公里的转山路，可以整合成23公里左右的徒步线和35公里左右的汽车接驳线。

由于我们并非虔诚的藏传佛教信徒，转山更多的是想体验这一路的风景和近距离观赏尕朵觉悟，那么也就没必要坚持靠双脚走完转山的每一步。这样一来，对于脚程和体能的考验就小了很多，一天完成两天的转山也并非不可能的任务。

为了验证我的想法，并保证大家转山的安全，我们决定第二天兵分两路。我和司机李师傅前往尕朵觉悟脚下，确定各个车辆接驳点的具体时间和位置，并用无人机观测了转山路的路径清晰度和垭口的积雪情况。这一整

/ 夏季峡谷牧场 / 喻鹏 摄

天，李师傅从天蒙蒙亮跑到天擦黑，400多公里的奔波终于让我们的转山计划重燃希望。

最终经过一天的勘路，我们确定的转山计划是天亮前从称多县城出发，抵达扎朵镇赛康寺往西约10公里的一个名叫玛超隆的夏季峡谷牧场，水泥路的尽头有四五家牧民的房子，自此车就再也走不下去了。我们从这里开始徒步，沿着明显的转山路径攀上4780米的玛超山垭口，这里距离尕朵觉悟的主峰直线距离仅数百米，算是尕朵觉悟的最佳观景台了。然后沿着峡谷一路向下来到曲麻莱一侧“拉轿口”的拉琼隆巴沟口，这里有个为进山挖虫草的牧民服务的临时小卖部帐篷，我们可以在这里稍事休息，并适当补充补给。而司机师傅则是在玛超隆牧场把我们放下后，沿着公路驱车2小时到拉琼隆巴沟口的小卖部接上我们，然后沿着公路向东北方向顺时针绕着尕朵觉悟继续行进7公里，其间路过尕朵觉悟观景台，在水泥路的尽头再次与我们分道扬镳。

我们将从这个不知名的山谷，沿着碎石滩上依稀可见的路径再一次向上攀登，翻过4720米的亚玛盖朗垭口，然后不走传统的转山路回赛康寺，而是沿着东北方向一条名为“喀庆”的山谷一路向下。这条山沟的出口位于称多县直多村西约6公里一个没有名字的丁字形沟口，这里有七八间牧民的房子，巨大的蓝色彩钢板屋顶羊圈，在几公里外就可以清晰地看到。有一条碎石路可以通到这里，司机师傅也将在这里接上我们返回称多县城，自此完成两条腿外加四个轮子的转山行程。

整条线路海拔最低点约4100米，最高点4780米，两个近700米海拔落差的垭口和全程约23公里的徒步，这对常年在高海拔地区生活的人来说，只要天气状况不错，就不算多艰难的路程。虽说不能靠双脚走完转山全程多少有点遗憾，但这个“作弊”的转山方案似乎是我们目前能够得到的最优解了。

/ 赛康寺大殿内的僧人 / 喻鹏 摄

转山路

早晨5点手机闹钟准时响起，此时窗外的称多县城还是一片漆黑，只有远处隐隐的几声犬吠打破了这个小县城的宁静。在酒店前台集合的时候，大家一个个还睡眼惺忪，只有李师傅提着满满一大保温壶的茶水，大步流星地往停车场走去，“走了，上车！”那股子劲头儿，不愧是当了好多年兵的人。

出了县城，想补个回笼觉却总是迷迷糊糊地睡不着，一抬眼天边开始泛起鱼肚白，公路两边的草场上渐渐起了点雾气，把西侧的山脊晕染出一层淡淡的曙色。这一路上只有我们这一辆车在孤独地赶路，远处不时有几头牛在低头吃着草。车子拐上214国道后，又开始了行船一般的沉降路，不过这次颠着颠着倒是把我颠睡着了。

扎朵镇在玉树来说算是个规模不小的镇子，丁字形的镇中心主街沿线开着不少饭馆和超市。即便我们抵达的时候天才刚亮没多久，几家早餐店里已经坐着不少当地人了。玻璃门上写着大大的“包子”二字，门口的笼屉上蒸汽铆足了劲儿向上冲，像是顶纯白的大纛，大老远地就能让早起的人知道这里有口热乎的包子可以吃。早餐店里当地人的打扮大多像是要出行，打算赶一早的班车去县城或玉树市里，街上不时还能听到汽车因为混乱的交通而响

/ 前往拉琼隆巴沟口的下山路上 / 黄侃淳 摄

起的喇叭声，相比这几天见过的很多小镇都要热闹不少。

几个热乎的包子和一碗稀饭下肚，人才算是彻底清醒。司机在镇上加满油之后向着路牌指引的赛康寺方向出发。赛康寺，藏语称“赛嘎日茸洛拉顶贡”，意为“白光自宗永固寺”，寺东有赛念日山，寺西是尕朵觉悟，寺西北为赛嘎达则山，地处三山交界的“Y”字形交叉口上。这里是称多县境内规模最大、影响面最广的格鲁派寺院，也是玉树一带以学风浓厚、戒律严格闻名的佛学院。历史上许多高僧大德在朝觐尕朵觉悟时，都将所带宝物赠予该寺，明清时期该寺曾是玉树地区收藏珍宝最多的寺院之一。

从赛康寺的路口再往前开个四五公里，路右侧有个写着“觉悟文化旅游度假村”的岔路，拐进去穿过一条山间水泥小路，6公里后就来到了这条路的尽头，在这里就能见到尕朵觉悟的背面。等我们到的时候，路尽头牧民家的两个孩子在路边玩耍，看到外人，孩子们一边大声叫来了大人，一边好奇地打量着我们。当地牧民并不会汉语，反而是孩子们大概能说上几句。孩子们告诉我们，大概半个小时前，有三个当地人从这里路过，前去转山，如果我们动作快说不定可以追上他们。

所谓转山道其实是条碎石河谷，由尕朵觉悟积雪融化而成的小溪汇聚形成。河谷宽处有几十米，窄的地方也有十多米。这个季节山上积雪还没化，小溪也就不宽，一步就可以跨过去，溪水时不时从碎石缝隙间钻入地下，再从几米之外的地方冒出来。长期的行走使得河滩上被踩踏出一条非常明显的步道，沿着河谷的方向延伸。河谷里背光的一侧还存着大片的积雪未化，上面横七竖八地留着不少有蹄类动物的脚印。再往上走个一两公里，河谷逐渐收束，原本裸露的碎石滩也逐渐被积雪和冰面完全覆盖。好在积雪只是薄薄的一层，踩上去会发出嘎吱嘎吱的响声，不但不滑，还在冰面上多少起到点防滑的作用。

积雪上可以明显看到有人刚刚走过的足迹，只是我们迟迟看不到比我们早半小时出发的转山者。想想也是，几个生活在“包邮区”平原的汉族人，想在海拔4000多米追上当地人的脚程，未免太过盲目自信了。

结果拐过一个转角，远远地我们就看到前面山上有三个转山的人，其中一个人背着的红色背包在艳阳下显得格外亮眼。同时在他们行进的方向，也已经可以看到尕朵觉悟峥嵘嶙峋的峰顶。从这个角度看去，尕朵觉悟像是一座树立在山巅的巨大纪念碑。近乎垂直的岩石山体没给积雪留下丝毫留存的余地，灰色的石头在阳光下泛着金属一般的光泽，“纪念碑”下裸露在草甸外的岩石则如同火山喷发后被凝固了的岩浆一般，张牙舞爪地铺满了半个山体，让人望之生畏，所谓山不在高水不在深，在这里体现得淋漓尽致。

山路的坡度从这里开始也变得更陡了，在4000多米的海拔，每往前挪一步都需要喘上好几口。越往上走，海拔和坡度带来的负担越重，从之前的几百米小停一会，变成走个几十米甚至十几米就需要停下脚步，大口大口地喘上几秒，那感觉就好像自己是个即将溺水的人一样。我记得林语堂曾说过：“一个人彻悟的程度，恰等于他所受痛苦的深度。”我想转山的信徒们也许正是通过行走来感受苦难，苦难越多，对物质，对生活，对情感关系，对自己立于天地之间的价值和目标，自然会有不同的思考。

垭口

刚开始转山时有说有笑、时不时停下来拍照看景的氛围，此刻已经荡然无存。稀薄的空气和逐渐变陡的坡度让人觉得每跨出一步都在被神山狠狠抽打着肺部，冷冽的空气冻得人鼻涕直流，因为忘记戴墨镜，雪原的反光又晃得我睁不开眼，智能手表隔一阵子就跳出的心率警报提醒着我要悠着点来。个人的体能差异也开始逐渐显现出来，初时还可以一起前进的3人小队，此刻前后拉开了有百来米的距离。

也不知过了多久，走在队伍最前头的我终于在河谷的尽头追上了比我们早半个小时上山的一行三人。两个鼻梁挺拔眼窝深邃一身黝黑的帅气“玉树版丁真”搀着他们的爷爷，正一步一步地向玛超山垭口行去。

老爷子一手拄着登山杖，一手捻着一串佛珠，一身冲锋衣里头露出有些破旧但洗得非常干净的藏袍。一脸被高原大风刮出的褶皱，让人想到罗中立画笔下的《父亲》。看不出他的年纪，但根据我常年在藏地旅行的经验，估摸着他应该也不会很大，只是常年的劳作和恶劣的自然环境让他看上去比内地人要苍老了很多。老爷子背有些佝偻，腿脚也不是很灵便，这大概就是我可以追上他们的原因。两个年轻人一个搀扶着老爷子一步步地向着垭口攀

/ 玛超山垭口附近的经幡 / 黄侃淳 摄

登，另一个背着个大包寸步不离地跟在身边。

大家三步一停，休息的时候略点了下头，算是打个招呼，看两个年轻人的样子，也是喘得不行，反而是老爷子显得比我们这些后辈都要从容一些。从这里已经可以非常清楚地看到玛超山垭口上迎风飘扬的经幡，也许是错觉，我甚至能清晰地听到“呼啦呼啦”风马旗被风吹起的声音。它那么近，直线距离可能不足300米，又那么远，海拔落差也有一二百米。从海拔4500多米到海拔4700多米，这一二百米的距离想想就让人有点绝望。

这些年来我在涉藏地区不少地方都转过山，像梅里雪山和冈仁波齐这类的著名神山更是转了不止一次。但尕朵觉悟无疑是最孤独的一次转山体验，没有手持转经筒的藏族信徒大部队，没有手持相机的旅行者，没有诵经，没有手机外放的音乐。这山上满打满算可能也就我们这6个人，寒冷孤寂，耳边只有呼呼的风声，好像这目力所及的6个人就是世间的全部。而尕朵觉悟就在右手边，从这里已经可以隐约看到它让人难忘的西侧大绝壁。

从河谷尽头到垭口顶端是一段大约45° 的碎石大陡坡，转山路不再是沿着河谷蜿蜒前行的小径，而是沿着陡坡呈“之”字形上升。也许是这段路程既是向阳坡又是迎风坡的关系，虽然路上有积雪，但积雪不算太深，甚至都没有没过鞋面。在每段路的尽头拐弯处，朝圣者们都贴心地立起了几堆嘛呢堆，生怕后来的人走岔路。

一步、两步、三步……每一步都让人双腿发软，每一步都是煎熬，每一步又都表示你离垭口更近了一些。那三个藏族转山者也被我甩在身后，我已累得口干舌燥，冷风吹的嘴唇都开始起皮了，但又实在不想停下来从包里取水壶。此刻我只有一个心思，赶紧爬上垭口，好好坐在经幡底下大口地灌上几口热水。在痛苦面前，人的欲望总是可以很轻易地像洋葱一样被逐层剥离，最后只剩下最简单的渴求。

玛超山垭口是距离尕朵觉悟主峰最近的地方，近到只要沿着山脊向着主峰方向再走个几百米就“触手可及”的地步。藏族的神山大多巍峨高耸，只可远观，如此近距离地接近神山主峰还是第一次。如果说我们来时看到的尕朵觉悟背面是嶙峋多变的，那么它的正面则是气势磅礴的——一整块围椅状的大岩壁把风雪和群峰都裹在了它的臂弯里，岩壁底下的积雪将青灰色的岩壁和枯黄的山体分开一大截，让整座神山看上去犹如云上的布达拉宫，巍峨耸立，不怒自威。

有时候我会想，藏族人对于神山的敬畏，或者说他们对于自然、科学和信仰，甚至客观和主观世界的理解究竟是怎样的？如此近的距离就算登上尕朵觉悟的山顶也用不了几个小时，却似乎从没有人想过要去打破这“人”和“神”的分界。数年前，我曾有机会和一位藏传佛教位份颇高的活佛私下对谈，大活佛虽然年近六十，却精通汉、藏、蒙、英、俄等多种语言。我们对于科学和佛法都有各自的理解，那时候我还有些年轻人不知轻重的势头，总想着证明点什么。我还记得那时候我问过活佛：“很多神山顶上都有航拍照片，证明并没有什么神佛，你们为什么还相信神山里住着神佛呢？”活佛笑着指指身侧的一尊佛像：“你把它拿去拍个X光也找不到菩萨，菩萨就不存在了吗？”

在垭口等了足有小半个小时，后续的小伙伴才喘着粗气爬上来，而老爷子他们一家三口距离垭口也就二三十米的海拔了。简单休息几分钟，看了下手表上的时间，我们必须赶紧走了，攀登这个垭口的时间比我预计的要长许多。此时已经接近12点，我们花了差不多3个小时才抵达这里，而如果下午3点前没办法抵达拉琼隆巴沟口的牧民小卖部，那就意味着我们无法在天黑前下山，也就意味着我们不得不放弃全程的转山了。

放下

下山路位于尕朵觉悟的西北侧，从尕朵觉悟西侧绝壁的冰蚀痕迹和西北侧下山路上的巨大流石滩来看，这里应该曾有过一个规模不小的古冰川，甚至可能整个尕朵觉悟西侧山体都曾被冰川覆盖。西北侧这一边山坳是个典型冰川的冰斗冰盆地貌，尕朵觉悟正是这条冰川的角峰，光滑的西侧大岩壁就是典型的冰川作用下的岩石斗底样貌，而玛超山垭口所在的这条山脊则是这条古冰川的刃脊，再远处下山的路则是标准的冰斗湖出水口的“U”形谷地貌。

可惜沧海桑田，现在不但连冰川的影子都没有，就连冰斗消融的冰斗湖也早已不见了，只留下一片教科书般的冰川遗迹让人畅想。冰川虽然不在了，冰川留下的遗迹却给我们带来不小的麻烦。因为冰川的磨蚀作用，冰川侵蚀搬运的砂砾堆积形成冰碛，也就是我们常说的流石滩，这些细小石块堆积的山体如同沙漠的沙丘一般，一踩就塌，一塌就滑，一滑就陷，很容易就把人往下带个几米。但比沙漠更可怕的是，沙子砸不疼摔不痛，但冰碛可是实打实可以把人摔得头破血流的。再加上这个西北侧山坳背阴又背风，有的地方积雪深达膝盖，我们不得不在勉强看得到路径的冰碛小径或是不知深浅

/ 尕朵觉悟雪山航拍图 / 黄侃淳 摄

的积雪中二选一。前者会摔，后者会陷。就这样一百多米海拔的下山坡最终是靠屁股降下来的。

等过了这段冰斗湖遗迹的山坳，又可以看到明显的小径，沿着一条“U”形谷的右侧山体延伸，在路左侧下方十多米的地方，就是这条古冰川的底碛和终碛，像河水一般流淌而下。路况从这里开始变得好了点，不过也

/ 尕朵觉悟 / 黄侃淳 摄

得在积雪融化后深达脚踝的烂泥地上，沿着清晰的小径一路往山下跳着走。是的，你一定得像藏羚羊一样跳着走，不然湿滑的烂泥可能会把你的鞋留下，也可能让你滑个四仰八叉，一身烂泥。

下山的道路虽然平缓，但要比上山的路更长一些，长到让人有点绝望。也许是因为冰斗湖内终年积雪，给西北坡带来足够的水分，这里虽然不是向阳面，却比来时的路有了更多绿意。两侧的山坡山花烂漫，郁郁葱葱，甚至有几株灌木生长在这个对他们来说属于极限海拔的山坡上，这里一看就是非常好的高山牧场。路边的积雪之上除了有蹄类的脚印，也可以看到一些非常清晰的食肉动物的爪印，看样子应该是藏狐、狼和棕熊留下的，这也让我有点紧张了起来。

等到最后的小伙伴抵达琼隆巴沟口的牧民小卖部的时候，我看了看时间，差十分钟下午3点。而此时我已经吃了一碗泡面，喝了4罐啤酒，晒了一个多小时太阳。所谓上山容易下山难，这下山的烂泥路也的确难为穿着一双帆布鞋转山的小伙伴——她白色的鞋子已经裹成了叫花鸡。

大家疲惫尽显，机械式地埋头吃着泡面。虽然没人说，但大家都明白继续坚持似乎也没有什么意义。于是我试探性地问了句："要不我们现在开回玉树，正好可以晚上吃顿火锅？"小伙伴们的眸子瞬间亮了……

佛家把"贪、嗔、痴"视为三毒，是人类身、口、意等一切恶行的根源，而其中贪欲正是来自对求而不得的执念。所以及时放弃，放下我执，何尝不是符合佛法的一种修行呢？

至于火锅——晚上当然要大吃特吃了！

第二章 格萨尔王的遗珠

在涉藏地区的文化体系里，格萨尔王是“神、龙、念三者合一的半人半神的英雄”。三江源头，处处都有岭国和格萨尔王成长、成熟与成就的故事。三江源在那个特定的历史阶段滋养了格萨尔王统领的岭国，而传说也得

/ 贡萨寺旧址 / 喻鹏 摄

到了延续。如今，格萨尔王的旧事与三江源深深捆绑在一起，成为来到这里的人们探寻生态风景之外，最重要的精神追寻之一。

格萨尔王的故事

格萨尔王确有其人这事，包括我在内的许多“格萨尔史诗爱好者”都坚信不疑，更别说将其奉为神明的藏族百姓了。在涉藏地区的文化体系里，格萨尔王是“神、龙、念（苯教中的本尊神）三者合一的半人半神的英雄”。

从进入青海三江源区域开始，无论是长江源、黄河源，还是澜沧江源，处处都有着岭国和格萨尔王成长、成熟与成就的故事。三江源在那个特定的历史阶段滋养了岭国这个格萨尔王统领的国家，而传说也得到了延续。到了今天，格萨尔王的旧事又与之深深捆绑在一起，成为来到这里的人们探寻生态风景之外，最重要的精神寻觅之一。

在三江源寻找格萨尔王的故事，可能要从他13岁时说起。在此之前，他生长在西边的雪域高原，母亲是龙女，父亲是岭噶布的森伦王。一天，龙女梦中见到一个金甲黄人来到身边，又见金刚杵发出嘶嘶响声钻入自己头顶。九个月零八天后，龙女生下神子取名觉如，觉如一出生就有3岁大小。

这个神子诞生的故事满足神话所需的完整情节。另一个较为世俗化的版本是觉如诞生于当地一个显贵之家，父亲年过半百仍膝下无子，为了继承香火，前后娶了三个妻子才有了觉如。但这个版本仍摆脱不了天神下凡的精神

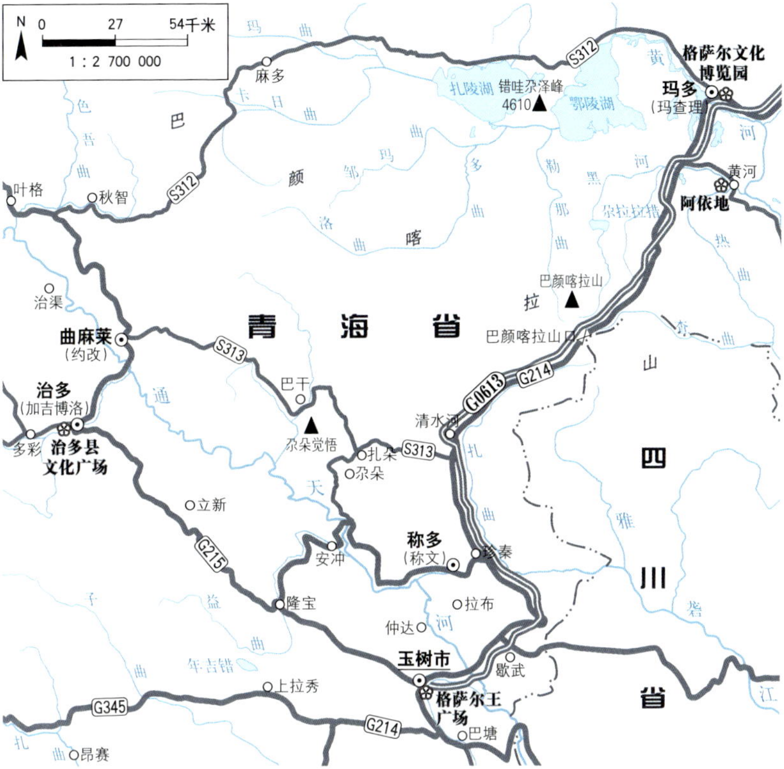

/ 格萨尔王相关景点 /

内核，据说是执掌三界的白梵天王看到世间灾难重重、民不聊生，这才让自己的幼子投胎下凡解救万民。

之后的故事在各类版本中几乎没什么不同，觉如受到叔叔晁通的排挤与陷害，一度被迫前往偏远之地躲避灾祸，和母亲相依为命，过着清贫的苦日子。直到12岁赛马登基，正式由觉如成为“格萨尔王”。

在阿来的《格萨尔王》里，觉如梦到天母赐命，说一匹下界神马正在等他驯服，天降的英雄和天降的神马一起“今年之内必称王”。随后，觉如给

/ 贡萨寺一角 / 黄侃淳 摄

晁通施了魔法骗术，令其召集各部落能人主张赛马。赛马的路线，就在玛多县黄河乡和玉树曲麻莱县麻多乡之间。

在今天，这条路线的起点被称为“格萨尔赛马称王之地——阿依地”，那里只有两座建筑和一座经幡，建筑上刻画着骑马的格萨尔和天马江噶佩布，地标的时间定刻着“公元1050”的字样。

从起点到终点，在今天依然道路难行，如果不穿行扎陵湖和鄂陵湖，就需要绕行214国道和308省道行驶将近600公里。传说中比赛进行了10天，也有说只用了3小时。

赛马的终点也在一座山丘上，8座白塔和塑金的格萨尔王骑马雕像依靠着一片小型的寺院群，寺院并不出名，但人人都知道此地叫作“格萨尔赛马称王登基台”。

神话故事不会错过这样精彩的情节。在故事里，相互爱慕的觉如和珠姆是共同赢得比赛的，珠姆替觉如收服了天马江噶佩布，觉如也没有辜负其心意，一举夺魁。

阿来的《格萨尔王》如此写道：“觉如并未扬鞭，只拍拍江噶佩布的脖子，这天马就奋力奔跑，片刻之间，就置身于如雷霆滚动的马队之中了。”又眨眼之间就跑到了前面，“围着那金座跑了两圈……”

这样“雷霆滚动”的场景，如今在每年的7月25日至8月1日，都可以在玉树的扎西科草原和巴塘草原看到，那是玉树赛马会举行的日子。

同样世俗化的故事或许更接近真相。珠姆是出生在治多县一带，又成长于三江源两湖地区的贵族家的女儿，出身于嘉洛家族。珠姆的全名叫嘉洛·森姜珠姆，“嘉洛”是家庭的名字，“森”意为闪展腾挪的狮子，“姜”意为美丽绝伦的“姜钻花”，“珠”意为威震天下的青龙，“姆”意为阴柔之美的女性。仅这名字就涵盖乾坤至美万物。《格萨尔王传》用了不少篇幅，来赞美王妃珠姆。珠姆家有九群骏马，自然知道马的优劣，说不准助觉如登上王位的，就是珠姆家最好的那一匹马。格萨尔赛马称王，与富贵人家联姻，是他治理岭国的开端，也是基础。阿来也借觉如之口在书中说：“等我赛马夺冠，就有了王位与妃子。”

称王之后，格萨尔王开始了征讨四方之路，陪伴他的是天马江噶佩布。这一次次征讨，可以说是民族统一的需要，也可以说是对领土的渴求，但成就者书写历史，总会师出有名。例如三个月降服西方魔国，是因为魔王鲁赞抢走了格萨尔十三王妃中的梅萨。剿灭东北方的霍尔，诛杀白帐王，是因为后者先行派兵攻打岭国，只为抢夺王妃珠姆。南边的“邻居”姜国，本身地大物博且兵多将广，国王萨丹武艺高强且精通法术。姜国什么都有却缺少盐巴，于是萨丹发兵向北，想要夺取岭国境内的阿隆巩珠盐海。这个盐海具体的位置没有记载，但如今玉树的治多县和囊谦县都拥有大型盐湖。结果自然是天降神子格萨尔王守卫盐海成功，萨丹王被戮湖边，姜国的王宫也被反攻

/ 赛巴寺内的藏民 / 黄侃淳 摄

而破。而当邻国仅剩一个门国时，出战的名义只需要一个“预言”就够了：“前世注定，正当降服。”

在史诗神话里，格萨尔王是一个完美的“人”，无论从成就上还是人格上，他有先天的神性，又经历过苦难的磨砺，最终成就非凡。他为岭国百姓谋得福祉，又解救了战域内的苦难苍生。他赏罚分明，亲力亲为，带兵数次救王妃，前往地狱救得母亲归，将重病去世的父亲送往净土。下界81年（有说88年）后，传位侄子扎拉（扎拉次杰），终于无牵无挂地返回天界，随他而去的依然是大半生的伙伴江噶佩布，“在地上打了三个滚，站起来抖了三次毛，长嘶一声，升天而去。”（降边嘉措《格萨尔王传》）

格萨尔王的神迹

格萨尔王的诞生时期众说纷纭，并无定论。格萨尔研究中心主任降边嘉措所著的《格萨尔王传》中，故事的时间轴开端仅为“很久很久以前”。他在其他论述中说，《格萨尔王传》大约诞生于古代藏族氏族社会开始瓦解、奴隶制的国家政权开始形成的历史时期，即公元前三四百年至公元五六世纪之间，相当于秦汉时期。

根据萨迦派的历史经文，其第五祖八思巴·洛追坚赞曾在从内地回西藏的旅途中带回一把无敌宝剑，这剑来自已故岭国王子扎拉次杰，而扎拉是格萨尔同父异母兄弟嘉擦夏喀之子，也是格萨尔王的继承者。由此推断，格萨尔王生活的年代约在13世纪前半叶。

但约在12世纪，玉树出现了带有后弘期（即宋代早期）风格的“组群式灵塔”，据说那是格萨尔三十大将的灵塔群。不管怎样，它作为塔群形式，在青藏地区是极其珍贵的历史文物，为研究藏族民俗、藏传佛教、《格萨尔王》英雄史诗等方面提供了极为重要的历史线索。

如今一个普遍的观点认为格萨尔王诞生于四川甘孜的阿须草原，在阿来的重述神话《格萨尔王》中，故事开端自一个叫岭的地方——“如今叫作康

/ 玉树格萨尔王雕像 / 视觉中国 提供

巴”，“格萨尔大王从上天下界就降临在这样一个适于骏马驱驰的地方”。

格萨尔王的故事广泛地流传在川西北、甘南、西藏和青海，包括三江源在内的广袤地域，而传说中格萨尔的岭国范围也划分于此，他以玉树长江源地区为核心，南征北伐，一统四方。史诗中的西方魔国在今天的昆仑山以北格尔木附近；兴兵来战的霍尔，范围涉及东北方的蒙古；南面是地大物博、兵将众多的姜国，以及由魔王辛赤统领的门国。格萨尔灭了四大敌国后，还不断征战四方，挥师远征伽地，使岭国的势力范围达到极致。

在三江源范围内，到处都找得到关于格萨尔王的旧日遗迹和民间纪念。在果洛藏族自治州玛多县的格萨尔文化博览园里，山顶的格萨尔头戴皇冠，背插战旗，身着金甲，右手持鞭，左手禅定印，左腿盘坐，右腿下垂，宝相威严。头顶是大鹏金翅鸟，身下是驮负宝座的雪山狮子。这是格萨尔王塑像中常见的样貌、姿态与场景。在称多县，距离三江源纪念碑不远的赛巴寺，一座格萨尔王的塑像端坐殿中，殿内金碧辉煌，龙纹织毯包裹堂柱，华贵庄重。隔壁的寺属展览馆中，收藏着大量珍贵文物，其中的镇馆之宝，是一柄长1.95米、宽3厘米的“岭·格萨尔王之剑”，相传曾被格萨尔王使用，削金破石，降妖除魔。这柄长剑的末端绘着似火似云的金纹，手柄与剑身的衔接处近似十字形，也有精巧的金银花纹，且带有造型舒展的精致护手。

长剑只是博物馆中的“明星”之一，除此之外，被认为是金翅大鹏鸟脚爪趾的巨大物件也深藏在玻璃柜中，那爪趾一端尖锐一端粗壮，好似牛角又与牛角不同，爪趾上布满粗糙的沟壑纹路，让人啧啧称奇。这座博物馆还收藏着野牦牛（国家一级保护动物）、棕熊（国家二级保护动物）、雪豹等稀有动物标本，同时也有曾经的马帮货等本地风土习俗的展示。

玉树下辖的治多县被认为是王妃珠姆的故乡，县里最大的文化广场也以珠姆广场命名，广场中央一座汉白玉雕刻的珠姆塑像高约15米，因为这里是珠姆故乡，所以雕塑塑造的是珠姆未嫁时的容貌。

在治多县的草原深处，雪山之下，一汪不起眼的池水清澈见底，即使刚下了薄薄一层雪，池水依然如活泉倒映着眼前的一切。这不起眼的“小水洼”却是大名鼎鼎的珠姆洗发池，也被称作“珠姆温泉”，无论春夏秋冬，池中之水都不会枯竭，就像牧场上的一处绿洲。据说珠姆在出嫁之前经常在这泉边梳洗打扮，这才长成那般美貌。当地人也用最美好的语言来赞颂珠姆，把生活中一切最美好的东西，都与珠姆联系了起来。珠姆王妃也被看作是贤惠、善良、美丽的化身。如今的珠姆洗发池依然经久不涸，一段断壁残垣上挂满经幡。即使不会经常有人来这里探望珠姆故地，但珠姆的传奇故事仍然像泉水一样不断从这里涌出。

距离洗发池不远，治多县城西北郊，是另一处声名远播的文化遗存——珠姆马圈。两条山脉之中形成一个谷地平滩，好像一座院落。“那时候家马和野马刚刚分开。”（阿来《格萨尔王》）珠姆对着马群高声唱出赞歌，野马吓得四散奔逃，只有红宝石色的天马江噶佩布因为听得懂人语而接受了珠姆，从此住在珠姆马圈，助觉如赛马称王。

与格萨尔王相关的遗迹和故事遍布“十全福地”治多、“江河之源”玉树的山河草原，处处都充满传奇色彩，光从名字来看，“格萨尔马蹄印”“充满传奇色彩的天然石桥”“石桥岩石上的羊蹄印、狗爪印及人脚印”“格萨尔磨刀石”等，无不在现实里将《格萨尔王》史诗上演着。就说那块200多斤的磨刀石，据说格萨尔王曾一手托石一手磨刃，不知道磨的会不会是赛巴寺中的那把长剑。

在玉树城中心，格萨尔王广场是一个地标，正对着玉树州博物馆。格萨尔王广场在扎曲河和当代河交界的夹角处，面向山顶的结古寺。下方是造型和布局犹如坛城的文化展示馆，上方是巨大的格萨尔王骑马像。

展览馆中的一层讲述着格萨尔王的故事：入口处迎面而来的，是墙壁上的格萨尔王与珠姆画像。与其他“肖像”相同的是金甲红袍云靴，不同的是王冠换成了帅盔，可以看出这是刚刚征战凯旋的格萨尔王，他正接过王妃捧来的酒杯，身后是神山阿尼玛卿（那里是格萨尔王的守护山）。绕展览馆一周，外侧的展示柜中收藏着实物珍品，内侧的墙壁上挂着三十大将的画像和神化的格萨尔王形象。其中一个展柜中放置着觉如幼时的服装，故事里幼年觉如的六怪相——多边九角央袋、杨木棍马、红色马皮靴、边硬犊皮、阿该毛线缝合碗都以实物给人传达了真实的形象概念。

另一个展柜中陈列着雄狮王的十三威玛战神，据说这十三神兽既是陪在格萨尔身边征战杀伐的护法，也是格萨尔自身的化身。它们分别是：蟠曲威玛金盘蟒，能将憎恨转化为力量；前行威玛迅捷鹞，能用尖利爪喙攻破敌身；五行金威玛威猛狮和五行水威玛金黄鱼；巡昼威玛白雄鹫和使格萨尔夜间不迷路的巡更威玛金目鸱；壮胆威玛白胛棕熊可以增强武艺；启智威玛小白兔可以增强灵敏度；麝香鹿可以祛除病灶，所以叫驱瘟威玛；食神威玛青灰狼，顾名思义可以获取军粮；此外还有五行火威玛斑斓虎、五行木威玛紫黑雕、五行风威玛白唇驴——在长江源区域常见的藏野驴虽然身壮体憨，奔跑起来却真的像风一样快。

沿着楼梯走入地下，更大的空间被分割成数个展厅，兵器铠甲一应俱全，手持法器身骑天马的格萨尔王塑像也不会缺席。而正中的一个展厅，专门留给格萨尔故事的传承者——史诗说唱艺人在此表演所用。

/ 玉树州博物馆里的格萨尔王雕像 / 喻鹏 摄

格萨尔王的传承

藏族有句谚语："岭国每人嘴里都有一部《格萨尔王传》。"据说各版本的史诗《格萨尔王传》达120多部，100多万诗行，翻译成汉字有2000多万字，描绘的人物数以千计；也有学者考据，诗行数或已超过250万。

在过去，《格萨尔王传》从未被书写和记录，它初成时，是由僧侣口口相传，后来又在民间"流行"，一代代的"吟游诗人"在他们的迁徙中，将故事传遍藏地山河的每一寸角落。每个人的版本都不一样，每个人都是新的创作者，这种创作直到今天还在继续。再后来，"吟游诗人"不再游走四方，诗歌却以更为神秘的形态，仍然在藏地传承与传唱。

在今天，格萨尔史诗的颂者因为其获知方式的不同而以掘藏艺人、圆光艺人、神授艺人区分。掘藏艺人自称是"受神秘缘分的指引"，获得了《格萨尔王传》的知识，他们看到文本的渠道通常有两种，一种是旅行途中在深山洞穴里发现封存已久的实体史诗——掘藏派；另一种是得到神的启示，看到自身意念中显露出的虚拟史诗——意藏派。前者依照实体的纸本或抄本进行说唱，后者则将神谕所得写下后再进行说唱，口随心念，笔随心动。掘藏艺人因为大多依据抄写的实体演出，更多情况下被赋予史诗创作者的身份。

/ 格萨尔王征战画像 / 黄侃淳 摄

/ 通天河流域 / 黄侃淳 摄

而圆光艺人的演出则更有浪漫情怀和仪式感，伴随他们演出的，少不了一面铜镜。他们面对铜镜，映照自己，便从镜中看到了雄狮王格萨尔的雄浑英姿、岭地四方恢宏的战争场面、祭祀盛况、兵营酒会……当然这些也都是其自称的。在《〈格萨尔王传〉史诗歌手研究》一书中，作者央吉卓玛写道："出身于青海省玉树藏族自治州结古镇巴塘乡的著名史诗歌手丹巴江才就是一位'慧眼'独具的圆光史诗歌手，每当有人要求他演述史诗，他都会从兜里翻出他的电话本或是一张白纸，然后照着本子'煞有介事'地演述起来。"

没错，当没有铜镜的时候，圆光艺人也可以用一张白纸作为穿越历史、寻找过去的千军万马。看到什么，就讲述什么，圆光艺人从不用背诵史诗。

相对来说，掘藏艺人和圆光艺人更容易解释，也更能自圆其说，神授艺人的神秘色彩则更加浓重，他们大多在得到"神授"前不会说汉语，但大病一场或梦醒之后就掌握了说唱技艺。央吉卓玛在书中记录了一位神授艺人土丁久耐的神授经历：

"在燃着上千盏酥油灯的佛殿内，我感到很温暖、很安逸、很舒服，不知不觉中我睡着了。梦中，我看见一个青面青衣、威武无比的神人在众多随从的陪伴下，从空中缓缓地来到我面前，我当时欣喜无比，想到这一定是佛祖对我虔诚祈祷的某种回应。这时只见那位青面青衣的人将一本装帧精美的书交给我，当我正准备用手去接时，奇怪的事发生了，那本书竟慢慢自我的胸口隐入我的体内，然后一种奇异的感觉涌遍全身，之后我就醒了。"

显然，那本书就是《格萨尔王传》。

对土丁久耐的采访就此结束，书中关于神授艺人的章节内容也戛然而止。央吉卓玛对神授艺人的描述客观且谨慎，神授艺人自称是"神"的代言人，他们对史诗突如其来的获得令人称奇，但其自称的神授经历却不可考。

除了以上这些艺人分类外，格萨尔史诗的传唱者还包括顿悟艺人（甚至没有得到神谕便自行醒悟）、闻知艺人（听别人说唱后习得）、吟诵艺人（单纯依照文献吟诵）等。

现在可以看到的无论正式出版的还是民间流传的《格萨尔王传》，史诗艺人的说唱都是其中重要的部分，其重要程度甚至相当于主线故事的注释或解读。没有他们的配合，卷帙浩繁的史诗阅读起来会分外艰难。

阿来的《格萨尔王》一书中，“故事”和“说唱人”以章节的形式交替出现，成为两条并行线索，共同组成了那部生动感人的“现代神话”小说。书中也对说唱艺人进行了易于理解的描写。例如在“说唱人：赛马大会”一节，书中写道：“人们以为，一个得到神授的说唱人，就不再是当初父母所生的那个人了。他是一个领受了特殊使命的人……说唱人是神的喇叭。”

在一次（当代的）赛马大会上，这神授说唱人拨动着琴弦走到篝火旁开始吟唱：

雪山之上的雄狮王，
绿鬃盛时要显示！
森林中的出山虎，
漂亮的斑纹要显示！
大海深处的金眼鱼，
六鳍丰满要显示！
潜于人间的神降子，
机缘已到要显示！

唱词中不但说明了神诞觉如即将成就大业，也暗示了格萨尔的数个分身。他唱的是格萨尔赛马称王的故事，在他的内心里，所谓赛马大会，就只应是他歌唱的那次。于是他对举行大会的镇子的镇长和现场的孩子说：“赛马大会早就举行过了，格萨尔早就登上了王位。”

紧接着书中下一节“故事：赛马称王之一”，就又回到历史中，讲述起岭地那个永恒的赛马故事来。

一个是真实世界，一个是神话天界，一个属于现代生活，一个来自古代历史，一个是第三人称讲述，一个是第一人称视角。千人千面的格萨尔王，非得用不同的角度诠释才得以窥见真容。

第四章 滚滚的红水河

海拔升到4000米后，村落与村落之间产生了远在天边的距离感，大大小小的野生动物悉数“冒泡”。前往长江第一个渡口和长江第一个峡谷的路途，没有想象中那般顺利，在一次次受阻中，我们充分领略到，这片土地大自然说了算。我们发现，人类活动痕迹越少的地方，生态保持得越原始，野生动物种群越丰富，而人类曾经一厢情愿的拓荒之举，则为脆弱的高原生态

/ 治多县沿途风光 / 黄侃淳 摄

带去了难以弥补的硬伤。好在人类懂得“及时止损”，如今即便是条件最为落后的乡村，也已环保先行，放牛的牧民听不懂我们说什么，却会操作野外生态监测的红外相机。人与自然正以更科学高效的方式和谐相处着。

荒野Safari

从治多县前往楚玛尔七渡口的沿途，我们看到了不下100只高原鼠兔、50只喜马拉雅旱獭、20只藏狐，还有面目模糊的狼、一闪而过的沙狐等，野生动物之多、出现频率之高超乎想象。我们一次次停车，只为了更靠近一点，看清楚一点，但它们总与我们保持着“可远观而不可亵玩”的安全距离。尤其是高原鼠兔，仿佛没有一刻是静止的，偶尔那一下停顿，又在我反应过来时，迅速逃离镜头，留给我一张身影模糊的照片。多番尝试后，我举手投降，拼速度我绝对不是它的对手。

高原鼠兔身处高原食物链的底层，天敌从天上飞的草原雕（国家一级保护动物）、猎隼（国家一级保护动物），到地上跑的狼、藏狐（国家二级保护动物）、兔狲（国家二级保护动物）等，食肉动物和猛禽无不垂涎于它小小的肉体。尤其对藏狐来说，高原鼠兔几乎是唯一的食物来源，据说它们一天可以捕食50只高原鼠兔，对付“鸡贼”的高原鼠兔，藏狐惯用的招数是守株待兔。藏狐长相极憨，体形不大，顶着一张大大的国字脸，表情冷漠，眼神很丧，侧面看与沙狐（国家二级保护动物）有些相似，脸一转正就引人发笑。2022年，西宁的青藏高原野生动物园救助了一只小藏狐，形象地给它

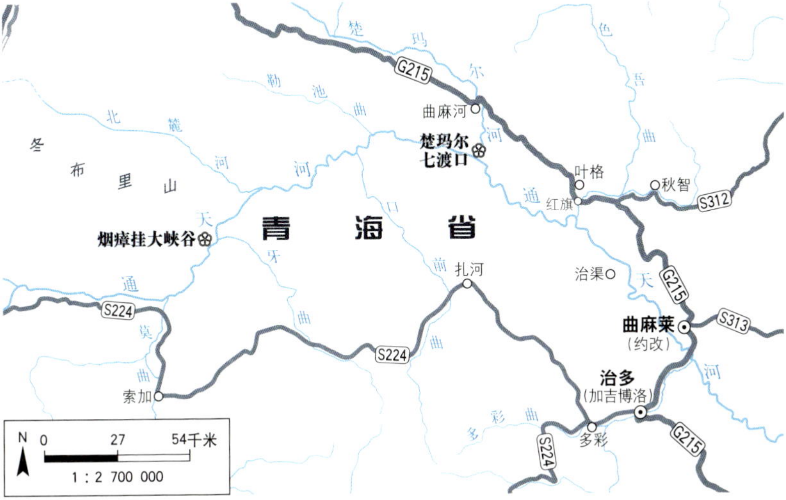

/ 烟瘴挂大峡谷和楚玛尔七渡口 /

取名“狐白板”，我去看它的时候，幼年“狐白板”的脸还没长开，特征不明显。动物园的工作人员告诉我，要等它长大后，脸才会越来越方，听起来和猫咪发腮有点像。经过十来次与山坡上的藏狐若即若离、你追我跑的游戏后，终于有一只“不知死活”的藏狐蹿到了我们车前，近在咫尺的距离让我看清了那张“面瘫”脸，果然与网上的表情包一模一样。

要不是为了在荒野找个有遮挡的地方解手，我不会走到一个小山包后，也不可能有机会与高原兔零距离面对面撞上。当我们转角遇到彼此时，显然都有点措手不及，空气凝滞了一秒后，它迅速从我脚边蹦离现场。高原兔的体形要比家兔大得多，耳朵很长，拥有更长、更强健的后腿，当它站起身奔跑时，已没有一丁点兔子的可爱呆萌感，而是充满了剽悍坚韧的气质，一看就是被荒野练就的独特物种。

这些走路带风的高原精灵，不时闪现在车窗外，考验我们的眼力，也承包了我们一整天的快乐。我们像在进行一场无门槛的荒野Safari，就是大型动物比较少，不过牦牛是不缺的。玉树各县多为牧区，我们每天都会遇到牦牛群，总会惊到几头牛，在牛群中横冲直撞地瞎跑一气，小牛犊跑得最欢，大多数牦牛则两耳不闻青草地之外的世界。这些都是家养的牦牛，几十上百头成群聚在山坡上吃草，涉藏地区到处都是。我一直在留意有没有单独行动的野牦牛，野牦牛体长超过2米，牛角更大，毛色纯黑，不掺一点杂色，重达1000公斤，一群野牦牛奔跑起来仿佛地动山摇一般。野牦牛也是青藏高原最有攻击性的物种，尤其是落单的雄性野牦牛，野外探险者和考察队最怕遇到它们，因为“牛脾气”犟起来连卡车都要顶一顶。我们已经上到4000米海拔，理论上跨进了它们的栖息地，但还是没有看到野牦牛，也许是海拔仍不够高，也许是还不够人迹罕至。野牦牛是世界上最不畏惧高寒的动物之一，它们的活动范围通常离冰川边缘不远，因为那里有最优质的草场，如今我们需要越来越往高处才能觅到牦牛的踪影，那也是全球气候变暖的一个体现。

我们没能抵达楚玛尔七渡口，在极尽荒凉的山谷中沿着唯一的土路开，直到开不下去——那是被水冲毁的临时终端。不过一路看了这么多野生动物，已经觉得不虚此行，更何况去七渡口不是只有“华山一条路”，还可以从曲麻莱一侧前往。通天河从治多县与曲麻莱之间淌过，治多县通往渡口南岸，曲麻莱通往渡口北岸，我们还有二分之一的机会。

/藏狐/视觉中国 提供

江河源头第一县

从“断头路”折返回治多后，我们又马不停蹄地赶去曲麻莱，这是我们溯通天河而上的最后一个县。曲麻莱在藏语里意为“红色的河，宽广的滩”，河是楚玛尔河，滩就在楚玛尔河与通天河汇合处，也就是我们要将再度前往的七渡口，这里距县城还有160多公里的路程。

进县城时天色已黑，穿过万家灯火，车停在国道边的游客中心，这是今晚下榻的酒店，一栋疑似政府办公大楼的庞大建筑。房间内饰是那种极尽小城所能的奢华，面积庞大又很俗丽，每件家具和摆设的价格应该都比宜家贵上好几倍，但并未走在潮流前线。不过在这里能有如此住宿条件，还是让我们很欣喜。曲麻莱2020年才脱贫，如今的县城布局规整，街巷整洁有序，沿街的火锅店、清真餐馆看起来好不热闹，酒店所处的城北国道边是才建的新城。本地人也很自豪，向我们回忆：“40年前刚搬来这里时，县里只有一条路，县政府、邮局、招待所、民居都建在这条路两边，都是平房，你看现在多气派！”他口中的40年前，是县城建立伊始。

曲麻莱因长江的北源楚玛尔河与黄河源头之一都位于其境内，而被称为“江河源头第一县”。谁曾想，听起来应该是最不缺水的地方，20世纪却面

/ 生态修复是个漫长的过程 / 喻鹏 摄

临了“守着源头没水喝”的尴尬。1953年，曲麻莱设县时，县政府驻地在色吾沟，并不是如今这个繁华的约改镇，它的位置大约在现在的县城与“宽广的滩”中间。老县城旁边就是通天河的一条支流，但在20世纪80年代初，因全县居民喝不上水，最后不得不举城搬迁至70公里外更靠近下游的约改滩，也就是今天的县城所在地约改镇。

我们沿着215国道去楚玛尔七渡口，快到叶格乡红旗村时，看到了公路边的曲麻莱老县城遗址，宽阔的河滩地上仅余一段残垣，墙上清晰的“为人民服务”五个字将时光定格在了40多年前。与这片废墟呼应的是单调的风景。本以为随着一天天往长江源头深入，野生动物会越来越多，但很意外，今天车窗外到处都是光秃秃的“黑土滩”，没有一个移动的生物出现在视线中，连最会活跃气氛的高原鼠兔和喜马拉雅旱獭都不见了，大地好像忽然间丧失了生命力。

我们在红旗村走访了几位牧民，据他们观察，如今这一带的草场相比40年前退化了七八成。我想起40年前内蒙古草原的前车之鉴：那时原始游牧方式退场、引入承包到户制，当牛羊放牧的界限被固定后，草场退化也就成了必然的结果。三江源的情况大抵也是如此，一方面，在那段摸着石头过河的经济大力发展阶段，一切以提高出栏率为目标，牛羊的增多令土壤贫瘠的高原草场不堪重负；另一方面，因为狼吃羊而号召大规模打狼，也无意间打破了生态平衡。

高原鼠兔不冬眠，夏天吃草，冬天吃草根，一窝高原鼠兔一年吃掉的草比一只羊都多。再加上这些小家伙繁殖力极强，一年能下四五窝崽，一窝就有十几只。高原鼠兔的生活方式为掘洞而居，它们挖出的土会把草埋掉。高原鼠兔数量过多时，草场会被翻掘成黑土滩。而牛羊总是向着有草的地方行进，草场被破坏了，野生的和家养的牛羊都得另辟生路。牧民告诉我们，牛羊的粪便能为贫瘠的高原土壤提供有机肥料，通过它们蹄子的践踏又起到分解作用，促使牧草再生。

因过度放牧和鼠害成灾，造成草场退化，进而导致牛羊因没有草吃而离开，没有牛羊，土地就没有了肥料，进一步加速草场退化、土地沙化，由此陷入一个恶性循环。由于青藏高原的土壤黏度差，本身就是易沙化的土质，如此往复后，荒漠化趋势越来越明显。20世纪70年代到80年代，短短10年间，曲麻莱县有70万亩草场发生沙化。1986年首次漂流长江的杨欣，在1994年再次漂流长江时发现，通天河北岸曾经的青青河岸已成了一条长达40公里的沙化带。

生态修复是个漫长的过程，进入21世纪后，曲麻莱采取退牧还草、灭鼠防疫等治理措施，整合全村的劳力和牲畜、草场，以成立合作社的方式带动扶贫。近年来，牧民的生态保护意识有了明显提高，草原上不再有乱扔的塑料袋等垃圾。三江源国家公园体制试点生态管护公益岗位机制，推进减人减畜，积极推动牧民逐步转变为生态管护者，促进牧民增收与生态保护协调并进。许多牧民转为生态管护员，与野生动植物呼吸着同样的空气，共同生活在这片草原上。如今天空更蓝了、草原更绿了，过去难得一见的雪豹、野牦牛、黑颈鹤也频繁出现。事实证明，从过去的牧民，到现在戴上三江源国家公园生态管护员袖标，所有付出都是值得的。红旗村距离老县城遗址仅十来公里，20世纪80年代同样面临缺水问题，那时长江水位逐年下降，加上草原上垃圾堆积，最终导致几个泉眼不再出水。牧民告诉我们，如今出泉口又开始涌水了。在他们看来，这是肉眼可见最为明显的治理成效。

终于来到楚玛尔七渡口

离开叶格乡后，我们继续沿215国道又开了54公里，终于见到长江的北源楚玛尔河，曲麻河大桥横跨其上，过桥即是曲麻河乡。这里是玉树真正的偏远所在，全乡迄今没有接入国家电网，只能靠太阳能发电，因电力供应不足，乡上的寄宿小学连太阳能都没有，学校有几台电脑，但无用武之地，手电筒是夜晚照明的唯一工具。但地处三江源国家公园内，硬件虽落后，环保意识却不甘人后，乡上实行严格的垃圾分类，垃圾运送到县城统一进行分类处理。我想，经历生态之殇的人，一定更愿意用心保护环境。

楚玛尔河发源于昆仑山南支的可可西里山脉黑脊山南麓，在可可西里流经多尔改错，然后来到青藏铁路和青藏公路的东边，在曲麻河乡附近注入通天河，全长526.8公里，是三条源流中径流长度之最，但由于其源头属于高寒荒漠地带，楚玛尔河流域的年降水量仅为南源当曲流域的一半。要等到它流过青藏公路，接纳昆仑山南坡的冰川融水和地下水后，水量才明显增大，流至曲麻河乡附近时已是开阔的河谷。但在20世纪90年代，采矿淘金加上过度放牧，这里同样水土流失严重，附近的大河小河都干了。如今我们站在楚玛尔河畔观察，水势依旧不大，河边还有一条条干涸的沟谷，许多年前那里也

/ 红色的河，宽广的滩 / 视觉中国 提供

曾满满当当流淌着河水。昔日两岸还有高山草甸，但现在草甸干涸斑驳，裸露出一片片黄土滩和风积沙丘。也不知在我们有生之年，楚玛尔河能否恢复到它初始的流量。

楚玛尔河从曲麻河大桥向南再流淌25公里便将汇入通天河，也就是我们追寻的楚玛尔七渡口。我们沿着乡上一条向南的岔路继续去追河，翻上一个山口，楚玛尔河流入通天河的倒“T”字形交汇点便出现了。眼前是一片宽谷大滩，河床像一张撒开的网，红色的楚玛尔河被分割成数条散乱的河道，缓缓流淌在赤褐色的沙洲中。

七渡口之“七”是指渡口附近的河面成股交织，有七条形如发辫的支流。我们驶下山坡，把车停在河边的观景台前，摄影师操纵着无人机，以“上帝视角”来拍摄七条发辫。我沿着河边小走了一段，水面又浅又窄，几乎可以拎起裤脚涉水走去对岸，不过河谷很宽，对岸还远，通过航拍观察，河谷中心还有几条宽而清晰的河道，那才是真正的“辫子”。对岸属于治多县，便是我们昨天未能抵达的地方，每年8月那里都会举行盛大的祭河活动。对岸还有一座刻满经文的石经墙，见证了它作为入藏官道咽喉的一段历史。

楚玛尔七渡口曾是长江上游唯一的渡江点，《西宁府新志》中记载：“柯柯赛渡口，有草无柴，由受番子住牧。由此赴藏有三路，惟柯柯赛有渡河皮船。上为七叉河，再上为摆图，水不发时，驮马可涉，燃官兵入藏，皆由柯柯赛。”柯柯赛是蒙古语音译，指的就是七渡口。根据这段文字所述，水流量小的旱季可以直接骑马过河，在舟楫不发达的古代藏地，这无疑是唐蕃古道的最佳渡口。传闻文成公主进藏和亲时就是从这里渡江的，更确切的历史是五世达赖喇嘛赴京觐见顺治皇帝，是在这里坐着牛皮筏子渡河的，之后的九世、十世班禅也由此往返藏汉两地。清朝时楚玛尔七渡口作为入藏官道的咽喉，由玉树四族之一的宗举族负责保航和摆渡，他们为守护渡口，在与外敌、盗匪的战争中几乎失掉了所有男性，对岸那座石经墙上的每一块嘛呢石都是为了超度亡灵。

如今，通天河上下游建起几座大桥，牛皮筏子退场了，但天堑也未彻底变通途，我们依然会因大自然一次小小的发怒而受阻，依然有车轮征服不了

/ 楚玛尔七渡口航拍图 / 黄侃淳 摄

的地方。告别了如辫似网的七渡口，我们还要继续往上追溯，去往南源当曲汇入通天河后的长江第一峡谷。

无法进入的烟瘴挂大峡谷

我们并没有立马动身去烟瘴挂大峡谷，因为在治多时就听说进峡谷的路断了。前往烟瘴挂可以从治多进，也可以从曲麻莱进，但我们一直留到了旅程接近尾声时，选择了从唐古拉山镇附近的109国道进入，一方面我们估摸着换条路没准能避开断头路，另一方面我们也指望时间拉长后或许能等到路修好。

从唐古拉山镇往北开了十来公里，我们驶下109国道，沿着土路向东开。长江的南源当曲就在前方不远处汇入正源沱沱河，此后它们合二为一，改称通天河，接着又会接纳同样是从南边流来的莫曲，从东西流向变为西南一东北流向，然后便在西北一东南走向的冬布里山的阻挡下，切出长江自源头以来的第一个峡谷。峡谷中水流湍急，浪高滩险，若是从长江源头一路漂流下来，将在这里遭遇第一个险滩。烟瘴挂大峡谷这个名字，便是第一位漂流长江的勇士命名的。

40多年前，长江是世界上唯一未被人类全程漂流过的大河，美国探险家向中国政府提出漂流长江的申请。当时，在西南交通大学教学的尧茂书呼吁：中国人的长江应由中国人来完成首次漂流。1985年6月，尧茂书划着

/ 前往烟瘴挂大峡谷的路上 / 黄侃淳 摄

“龙的传人”号橡皮艇，从姜根迪如冰川起漂。400公里后，他抵达这里，闯过激流轰鸣的险滩，从当地人口中得知“烟扎嘎”（藏语意为“美丽的白色山峰”）的地名，他回望雾气笼罩的山谷，在地图上标注下了“烟瘴挂”的汉语名字。孤军奋战的尧茂书没能漂完全程，1300公里后，他在金沙江的通珈峡触礁遇难。次年，中国长江科学考察漂流探险队成立，十多位受尧茂书精神鼓舞的年轻人加入其中，完成了中国人首漂长江全程的壮举。

/ 烟瘴挂大峡谷航拍图 / 黄侃淳 摄

杨欣是当时漂流队的成员，几年后，他创立的“绿色江河”民间组织，致力于长江源头的环境保护。2013年，烟瘴挂峡谷曾计划建水电站。如若大坝建成蓄水，势必会对峡谷的生态产生很大影响，长江也将失去源头第一个天然峡谷。“绿色江河”联合植物学家、动物学家、人类学者等，在峡谷内开展生物多样性调查，他们在40平方公里的范围内安装了8个云台摄像机、

39台红外照相机，经过120个日夜的定点观测，发现雪豹、白唇鹿（国家一级保护动物）、马麝（国家一级保护动物）、野牦牛、藏野驴、藏羚羊6种国家一级保护动物，其中雪豹的种群密度位居世界之首。这一调查结果令专家们既惊喜又震撼，给予烟瘴挂“中国独一无二的生物多样性孤岛”的极高评价，青海省发改委也明确表示不会批准水电站项目，长江第一个峡谷总算保住了。

如今烟瘴挂峡谷的生态监测仍在继续，但为红外相机更换电池等维护工作，已交由“源住民”——本地牧民负责。我们想当然地以为和这些能摆弄高科技产品的牧民应该沟通无障碍，无奈一路打听，竟没人听得懂尧茂书音译的“烟瘴挂”。

索加乡的每个村子都以村旁的河流（也都是要汇入长江的支流）命名：莫曲村、牙曲村、君曲村、当曲村。说是村，其实不过几户人家，但这不足为道的人口，却担负起了保护野生动物的职责，各村有不同的保护方向，牙曲村是雪豹保护区，莫曲村是野牦牛保护区，君曲村保护藏野驴，当曲村保护黑颈鹤。

我们才驶到莫曲汇入通天河路段，离烟瘴挂大峡谷还有几公里，野生动物已经目不暇接了。藏野驴尤其多，少则五六头、多则二十多头地组群出场，它们的肤色有条鲜明的黄金分割线——脸是棕褐色，嘴唇是白色；背部是棕褐色，肚皮和四个蹄子又是白色。藏野驴的腿比马短，但极擅长跑，可以一口气跑上四五十公里，它让我想起了随成吉思汗出征的蒙古马，也都是短腿马拉松健将，当年欧洲人直到兵临城下还在怀疑那些短腿的物种是何方怪物。藏野驴也不太惧人，根本无视我们，自顾自地游荡或吃草。相比较而言，藏原羚机警得多，一旦我们的车进入它们的“安全防线”，就会背向我们撒开腿跑走，而此举正合我意，因为藏原羚的亮点在于屁股。这个羚羊类中体形最小的物种，全身为土黄色，却长了个比例完美的心形白屁股，中间还有一戳短小的黑尾巴，一受惊，尾巴就会翘起来，跑起来蜜桃臀一颠一颠，小尾巴一甩一甩，十分性感。

在野生动物的陪伴下，我们的车在崎岖不平的土路上掀起长长的烟尘。过了莫曲河口后，两侧出现巍峨绵延的石灰岩山崖，山峰嶙峋，山巅覆有斑驳的白雪，山坡上绿草尚未破土，它与我们沿途经过的草原、荒漠、雪山全然不同，这是典型的喀斯特地貌，在长江源头只有烟瘴挂是如此地貌，我知道我们正在一点一点接近峡谷。

在停车问路6次后，我们终于问对了人，开着摩托车巡护的管理站工作人员，用夹生的普通话告诉我们，峡谷入口就在前面不远处了。但是幸福只持续了几分钟，我们还是没有避开被毁的路段。路基被冲破了一个2米宽、1米深的缺口，我们没有柯受良飞越黄河的绝技，拿它束手无策。

我们大概气馁到一脸衰劲，连野生动物都不觉得我们有威胁了。头顶山坡上有只喜马拉雅旱獭像在看笑话，不时变换着姿势，嚣张地看了我们很久。同为鼠辈，喜马拉雅旱獭的打洞技术远在高原鼠兔之上，它们的洞分冬眠、消暑和临时的避敌洞等功能，洞内构造复杂，长达十几米，卧室、厕所各归各位。我见它毫无离开之意，便朝它走去，终于把它逼退进洞，我这才发现洞口还有只小鸟在给它把风。

烟瘴挂大峡谷成了我们此行最大的遗憾，我们尝试借助无人机飞过去一探究竟，但也没能抵达峡谷，从屏幕传回的图像看，越往前，山崖越发高耸陡峭，那条清晰的土路最终消失于灰褐色的绝壁千仞间。

/ 上：烟瘴挂大峡谷 / 黄侃淳 摄 / 下：峡谷附近的藏野驴 / 黄侃淳 摄

长江源园区的核心位置集中在玉树藏族自治州的治多县和曲麻莱县，包括可可西里世界遗产地、原三江源国家级自然保护区索加—曲麻河保护分区，整个园区拥有独特的自然、人文景观，既有珍奇野生动物的聚居地——烟瘴挂大峡谷，也有许多继承和发扬格萨尔史诗的民间说唱艺人以及传统文化，堪称原始而古朴的秘境。

◆人与自然和谐共生

行走在长江源园区的土地上，时常感到人与人、人与动物的关系是如此美妙而生动。

我们在三江源园区遇见了各种珍奇的野生动物：藏野驴、黄羊、岩羊、斑头雁、赤麻鸭、黑颈鹤……种类之繁多，仿佛在阅览一本真实世界的野生动物百科全书。我们小心翼翼，与它们遥遥相望，生怕误闯精灵的领地，打乱生态的平静。

我们在赛康寺、尕藏寺、拉布寺等一众寺庙都遇到过乐于交流的僧人，他们对于外来者充满好奇和热情，常常在初见时提出哲学的三个经典问题：你是谁？你从哪里来？要到哪里去？尕藏寺的年轻小师傅拉住我不放，请我用手中的大相机帮他拍摄一场正在进行的法会。赛康寺的索南东丹老师善良真诚，他站在尘土飞扬的街巷上，告诉我赛康寺和尕朵觉悟的故事，并不吝于用最美的佛语帮我做了祈祷祝福。

在当地人江永的讲述里，虔诚的藏族人从不随意宰杀牦牛。根据一些藏族人的说法，长江的源头是一头牦牛鼻子里流出来的水，这种说法带有朴素的浪漫主义色彩。既然如此，牦牛又怎么可以被随意宰杀呢，它们是藏族人的朋友，是保护神，是生命之源。在旅行的沿途，我们数次看到路边腐烂的牛尸，等待着秃鹫的啄食。那些牦牛都是意外死亡，有些脚下踩空跌入山谷，有些得了疾病无法治疗。牦牛不是人类的从属，它们是自然的一分子，当然要归入自然，或反哺自然界的其他生物。我们也向偶遇的牧民询问牦牛到底值多少钱，得到的回答清清楚楚：这满山的牛一头都不卖。

当然，信仰是真挚而高尚的，畜牧业的发展也无可非议。

崔永红等主编的《青海通史》一书中论著："近代以来，青海民营畜牧业生产仍沿袭传统的逐水草游牧方式。经长期的经验积累，虽然在草场利用、放牧方法、畜种改良、畜病防治等方面都掌握了一些行之有效的方法，但始终未能突破传统生产方式的藩篱。

在长期的生产实践中，牧民群众对青海高原草地、牧草的认识不断加深，积累了丰富的经验。有经验的牧民不仅能识别各种牧草的优劣，还能利用牧草的某种特性，在不同季节放牧牲畜，既能达到育肥的目的，又可收到驱虫防病的功效。青海南部地区多将草地分为冬、春秋、夏三季草地，环青海湖地区则一般将草地分为冬春、夏秋两季草地。冬春草地一般选地势平缓，避风向阳，水源充足的滩、台地方，夏秋草地一般选高寒山地或沼泽地带，符合气候凉爽，少蚊蝇滋扰的要求。按季轮牧的方式既已形成，定期迁移草场便随之成为制度。”

我曾分别在5月、7月和9月去往三江源地区，常常看到这种轮转放牧的场景。通常是一家人中的部分成员同行，驱赶着或大或小的畜群，走过网围栏和国道之间的狭窄区域，从春季牧场向夏季牧场迁移。

在其余场景中，牧民家庭的组成以草山房屋里留守的老人、妇女和儿童为主。有时大门紧闭，一个人都没有。

◆ 长江边的托俄俄加合作社

旦争才仁是托俄俄加合作社理事长，今年51岁。在他的讲述里，我找到了这些房屋空置的原因。因为迁移草场而所剩不多的居民，有些成为管护员，白天承担着繁重的长江源保护工作；另一部分，加入了例如红旗村托俄俄加合作社这样的组织，他们有时在结束合作社工作后回家，有时甚至长住在合作社里。

当旦争才仁与红旗村二社的15名民兵起头兴办曲麻莱县第一个生态畜牧业合作社之初，并没有得到牧民的认可。红旗村里拥有上百头牲畜的畜户不少，但鲜有人愿意加入。而只养着少量牲畜的畜户则担心入社后会赔本，用

/ 当地牧民和牦牛 / 喻鹏 摄

他们的说法就是：血本无归，连饭都吃不上怎么办。

红旗村有540多户人家，经过多次动员和反复工作，2011年建立股份制合作社的时候，仍仅有16户57人加入，现在增加到31户103人。合作社也扩充增加为一社、二社、三社，共同饲养着8000多头牛羊。合作社仍然遵循着传统的放牧规则，草场随四季迁徙流转。合作社极大整合了牧区的零散资源，参加合作社的畜户，有牲畜的出牲畜，有劳力的出劳力，有草山的出草山，也就是“牛羊整合、劳力整合和草山整合”，最大限度提高牧民的整体收入，通过减人减畜达到草畜平衡，同时也提升了牧民的生活品质。建合作社之前，每户牧民“各自为战”，很多人家因为需要照顾孩子而无法放牧；有些人家牲畜饲养得多，草山却不足够；还有些人家拥有草山却没有添养牛羊的资本。合作社将这些问题和矛盾一并解决。以前养一头牛，从小牛诞生到出栏需要9年时间，如今在合作社只需要3年，除了效率提高之外，可以选择更好的饲料和草场也是一大原因。在这样的效率下，红旗村托俄俄加合作社去年出栏200头牛输送到西藏地区。

除了牛羊的出栏收入，托俄俄加合作社还建立了冷藏库房，运营半挂车和藏餐厅，所有收入的70%都归“入股”的牧民所有，每户所得收入的多少也根据入股多少来分配。参与合作社的牧民更容易安排自己的生活，无需参与工作的入股者是住在县城还是更远的格尔木市区的人，他

/ 长江源园区的牦牛 / 喻鹏 摄

们可以获得更优质的生活条件和子女教育条件。劳力入股者可以住在自己的家，也可以住在合作社。草山上建了房子，前面放牧，后面住宿。

在旦争才仁的记忆里，草山的变化和长江（通天河）的变化是从20世纪80年代开始的。在他小时候，天气不像现在这样经常大涝大旱，长江水位很高，而到了1982年至1983年，水位就已经较之前下降了十几米。生态不平衡，金矿的滥挖滥采对土地造成伤害，按照当地人自己的估算，有些草山的退化面积甚至超过70%，牧民生活难以为继，只能变卖牛羊，举家搬迁。

直到三江源国家公园成立，管护员制度也建立起来。三江源国家公园探索建立"一户一岗"生态管护公益岗位，帮助村民和牧民在家门口脱贫、就业。目前，三江源国家公园共有生态管护公益岗位17000多个，他们每天行走在面积庞大的园区里，做着平凡又繁重的工作：捡拾包括电池、塑料在内的废弃垃圾，保护野生动物，每日通报监测数量，同时监测雨雪天气的自然流量。这些看起来简单的工作，却对长江源的生态恢复与保护起到了极大的积极推动作用。对于旦争才仁来说，一个直观的感受就是水量变多了。

经过许多年的不懈努力，三江源湖泊面积明显增加，荒漠化面积逐渐下降，生态退化趋势基本得到遏制。根据三江源国家公园管理局和青海省气象局显示的数据，"近年来，三江源国家公园持续变暖，降水量增多；平均最大积雪深度阶段性变化明显，年最大冻土深度迅速减小，气候生产潜力和植被覆盖度增加，沼泽湿地碳储量增多，河流流量总体增加，生态系统持续向好发展。”

在长江源，人类的生存与长江息息相关。人们依赖着它，凭借其对草山的滋养和对气候的调节获得各种基本的生活条件。长江沿岸的人们，天天跟水在打交道，根据水的颜色和情况，就能知道环境的变化状况。

“人和水分不开，人和草山，水和草山也都分不开。花是怎么开的，草是怎么长的，长江是怎么流的，都是我们关注的。我们是靠‘生态’吃饭的牧民，对长江的感情尤其深。长江一旦干涸，对全世界都有影响。”旦争才仁说。

曲麻莱的校园生活

◆◆◇

人物专访

才旦卓玛，曲麻河乡寄宿制小学2年级汉语教师

土丁宗周，曲麻河乡寄宿制小学6年级藏语教师

◆学校一共有多少师生，学生的构成如何？

曲麻河乡小学是曲麻河乡唯一的小学，6个年级加起来一共有140多个学生。学生都是来自曲麻河乡和附近的村子，大部分学生都是住校生，只有少部分家在乡上的学生是走读生。以前曾有一个汉族学生和一个回族学生，现在都毕业了。目前所有的学生都是藏族。

学校一共有15个老师，我们两个是曲麻莱县本地人，其他老师大部分来自玉树、格尔木和青海省内其他区域。但老师的数量依旧不足，很多老师都需要一人教多门课程，有的课程还是没有专门的老师。比如英语，我们这里就没有专门的英语老师，老师自己的英语水平也有限，所以只能教孩子们一些简单的字母和单词，孩子们到了初中后还要重新学英语。

◆孩子们的教育普及率和升学率怎么样？

基本90%以上的孩子都会上学，现在家长们也非常重视孩子的教育。孩子们4～5岁的时候就会去乡里的幼儿园，然后就是到我们小学来读书。6年级小学毕业之后，会去曲麻莱县里或者玉树、格尔木市里读书，更好的可能会去西宁读书。读到初中毕业后，大部分会上中专或高中，只有小部分读书实在不太好的才会回家放牧或者出门打工。

◆ 初中毕业就回家的是男生多还是女生多？

男生多。有的男生比较调皮，成绩不太好。

◆ 在这里教学最大的困难是什么？

我们这里没有电，课程表上虽然有信息技术这门课，信息室里也有电脑，但因为没有电，这门课就上不了。有时候晚上想给学生上个晚自习，也只有老师自己举着手电筒教学。老师要给手机充电，也只能用自己的太阳能充电板充电，非常不方便。另外，这里冬天特别冷，也没有暖气，取暖只有靠炉子，但就算有炉子，教室里也非常冷。

◆ 我看到墙上的课程表有些兴趣爱好课，学校都会安排什么兴趣爱好课呢？

我们这里的兴趣爱好辅导包括唱歌、跳舞、象棋、篮球、足球、绘画，尤其是足球，我们学校的小孩子足球踢得可好呢，去年还拿了曲麻莱县小学生足球联赛的季军。

◆ 三江源建立了国家公园，学校又在国家公园的核心区内，平时会对学生进行环境保护方面的教育吗？

有啊，我们平时都会做一些环境保护方面的宣传，有时候三江源国家公园的志愿者也会来我们这里做一些环保方面的教育和宣传。这几年，学生和家长的环保理念都加强了很多，最明显的改变就是垃圾少了。七八年前很多地方还是垃圾遍地的，现在都看不到了。如今学校里都要求垃圾分类，小朋友们也会自觉地进行垃圾分类。同时，我们也会对学生普及一些野生动物知识，让他们认识生活在身边的动物，了解保护这些动物的重要性。一方面，要让孩子们从小树立保护野生动物的意识；另一方面，如果碰到需要救助的动物或是有人伤害野生动物，他们也可以及时向国家公园报告。

/ 曲麻莱县上正在进行足球训练的孩子们 / 视觉中国 提供

第五章

荒野、冰川与坚守的人

八千里星海，三万里皓月，千湖万沼，亿万生灵。这里是人类的禁区，是千禽百兽的伊甸园，但这里也曾是充满杀戮的“地狱”。

这是可可西里，中国最著名的荒原。

索南达杰与藏羚羊的故事，和这片荒野紧密相连，但可可西里不止有藏羚羊。

/ 静谧的可可西里 / 视觉中国 提供

藏原羚、黑颈鹤、猞猁（国家二级保护动物）、野牦牛、狼、藏狐、棕熊、兀鹫（国家二级保护动物）、大鵟、喜马拉雅旱獭、高原鼠兔、藏野驴等无数高原生物在这里世代繁衍，生生不息。

而人类，只是这片荒原的过客和守门人。

什么是可可西里

从曲麻莱县城到唐古拉山镇的500多公里路，足足需要驱车9个多小时，在半梦半醒间颠簸了整整半天后，远处地平线上的铁路桥逐渐清晰了起来——那是青藏铁路，109国道（青藏线）到了。

我已经记不清这是第几次沿着这条路往返于格尔木和拉萨了。还记得2007年春节后没多久，我第一次乘坐青藏铁路从拉萨返回上海，那时候青藏铁路刚开通不久，陆川导演的电影《可可西里》和央视的报道让更多民众知道了索南达杰的英雄事迹，以及可可西里这片荒原。途经可可西里时，车厢内还有广播提醒，让旅客们注意铁路两侧的动物，于是车厢里所有人都盯着车窗外，瞪大双眼，生怕错过藏羚羊的身影。那时候大部分的手机并不具备拍照功能，大多数人都只能靠双眼留存关于可可西里的记忆。我那时带了台便携的数码相机，这在当年算得上“稀罕货”，于是边上的乘客就指着远处的藏羚羊叫我拍。虽然相机的焦段不够长，就算拍到了也需要不停放大才能勉强看到一个模模糊糊的轮廓，但依旧引得身边一群人围着一个小小的屏幕赞叹不已。

之后的十几年里，我数次乘青藏线火车或是自驾进出涉藏地区，前前

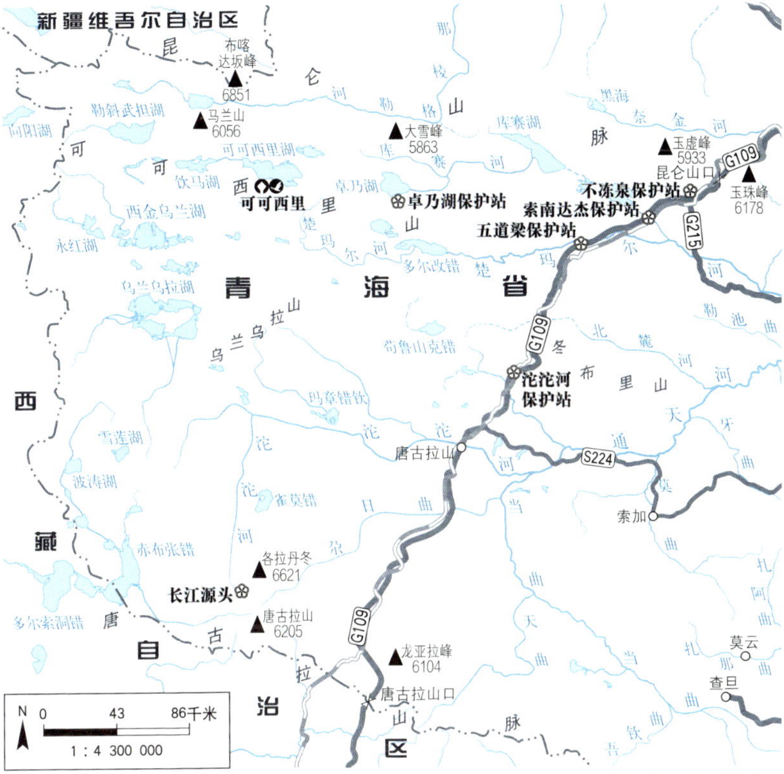

/ 长江源园区主要保护站 /

后后沿着这条路走了十多回，甚至还骑行过一次青藏线。眼见着这条路从泥泞坑洼的土路变成尘土飞扬的工地，又从平坦宽敞的柏油路变成如今沉降严重的波浪路，算得上亲眼见证了青藏公路的一部分变迁。从格尔木向南，纳赤台、昆仑山口、不冻泉、索南达杰保护站、五道梁、沱沱河、唐古拉山镇……对于骑行青藏线的旅行者来说，这一个个地名代表着一口热乎的泡面、一碗暖胃的酥油茶、一个安全的被窝，以及距离目的地拉萨更进一步的鼓舞。在骑行青藏线的路上，骑行者们需要时时刻刻面对大货车、野狗甚至狼群的威胁，但这一路上最危险的永远是可可西里多变的天气，而这和可可西里独特的地貌密切相关。

可可西里，蒙古语意为“青色的山梁”。地理意义上的可可西里包括可可西里山和周边高原夷平面在内的广大区域，横跨青海、西藏、新疆，总面积约25万平方公里，与英国国土面积相当。广义的“可可西里”主要指原可可西里国家级自然保护区，它位于青海境内，在昆仑山与乌兰乌拉之间，东边以青藏公路为界，面积约4.5万平方公里，平均海拔4888.1米，是全世界第一个为保护以藏羚羊为代表的青藏高原高寒草原、荒漠生态系统及特有珍稀濒危物种而设立的自然保护区。2017年可可西里入选《世界遗产名录》，世界遗产地的范围在原自然保护区的基础上向东越过青藏公路，扩展到通天河西侧，核心区加缓冲区面积合计约为6.03万平方公里，是瑞士国土面积的1.5倍。

亿万年前，可可西里所在的地区还是一片汪洋，经过地壳运动，随着青藏高原的抬升，平均海拔5600～5700米的唐古拉山脉隆起于南侧，昆仑山东段博卡雷克塔格山和马兰山一大雪峰组成的高山和极高山崛起于北侧，可可西里山、冬布勒山、乌兰乌拉山起伏于中央。这些大山自西向东平行延伸，山与山之间是宽阔的高海拔宽谷盆地。整个可可西里的地势呈西北高、东南低的态势，受高空强劲西风动量下传的影响，青藏线沿线一年里的大部分时间都会刮起大风。而在降雨量集中的5～9月份，伴随一阵大风而来的可能是暴雨、暴雪，也可能是冰雹。骑行者在这种短时剧烈变化的天气中，如果应对不当则很可能会失温，造成生命危险。

2009年我骑行青藏线的时候，就是在五道梁—沱沱河这段路上，原本晴空万里的天突然就变了脸，短短几分钟内狂风夹杂着冰雹，铺天盖地地从四面八方砸了过来。我和同行的伙伴试图合力搭帐篷躲避，可肆虐的狂风根本不给你任何支起帐篷的机会。想躲到公路的排水沟里，又怕遇上可能突然而至的山洪。最后只能在路基下找个稍稍避风的地方，三个人手忙脚乱地套上羽绒服，裹在同一条救生毯里，头顶着快被吹烂的帐篷布，挤在一起瑟瑟发抖。

但对于生活在这里的高原动物们来说，可可西里无疑是一片伊甸园。

一方面，寒冷的气候条件使得这里成了一个天然的大冰箱，永久冻土覆盖90%以上的土地，最厚处达400米。冰储量为71.33立方千米的冰川为“中华水塔”提供充沛的水量。其中布喀达坂峰、木孜塔格峰、普若岗日、各拉丹冬等高海拔冰川融水不断汇聚到这些盆地中，形成星罗棋布的高山湖泊和沼泽。据统计，面积达6.03万平方公里的可可西里世界遗产地内，面积大于1平方公里的湖泊就有107个，1平方公里以下的湖泊有7000多个，因此这里也被称为“千湖之地”。

另一方面，因为可可西里地区的相对海拔落差并不高，只有300~600米，是“世界屋脊”上保存最完整的高原平台。从这里发源的河流除少数流出可可西里区域——或是穿越昆仑山，流向北方干旱的柴达木盆地；或是汇入长江、黄河，成为这些超级大河的源头外——大部分河流都是以湖泊为中心的内流水系。这让可可西里在高海拔条件下有限的降水量得到最大限度的利用。拥有足够的水资源，万物生长就有了最基本的保障，于是可可西里孕育出了世界上独一无二的高原湿地生态和丰富的野生动植物资源。

“高原精灵”藏羚羊

提到可可西里，永远绕不开的自然是藏羚羊和杰桑·索南达杰书记。

1994年1月18日，40岁的治多县西部工委书记索南达杰和4名队员在可可西里抓获20名盗猎分子，缴获7辆汽车和1800多张藏羚羊皮，在押送歹徒行至太阳湖附近时，遭歹徒袭击，索南达杰为保护藏羚羊，在无人区与18名持枪偷猎者对峙，英勇就义。2004年由陆川执导，以索南达杰为原型的电影《可可西里》上映，在两岸三地连续斩获多项电影节大奖。索南达杰的牺牲震惊社会各界人士，引发舆论热议，一定程度上推动了可可西里保护区的建立。

1996年青海省政府将可可西里定为省级自然保护区。1997年经国务院批准，可可西里晋升为“可可西里国家级自然保护区”。为了纪念索南达杰，可可西里保护区的第一个保护站便以他的名字命名，“索南达杰保护站”是可可西里地区建站最早、名气最大的保护站。可以说索南达杰书记用自己的生命换来了可可西里的新生。

公安机关对于参与枪杀索南达杰的凶手的缉捕工作也一直没有停止。2011年11月底，6名17年前在可可西里参与枪杀索南达杰的在逃犯罪嫌疑人相继投案自首。2020年9月14日，玉树警方抓获一名参与枪杀索南达杰的嫌

/ 藏羚羊 / 视觉中国 提供

犯。目前参与枪杀索南达杰的犯罪嫌疑人尚有2人在逃。

归功于索南达杰和之后一代代野生动物保护者的努力，自2009年起可可西里再也没有听到过盗猎的枪声。没有盗猎者的威胁，藏羚羊们再度成为可可西里的主人。

在不冻泉吃过午饭，我们继续一路向南，没多久，就看到一头孤独的

/ 索南达杰保护站沿途风光 / 视觉中国 提供

雄性藏羚羊正沿着公路边向南而去。成年的雄性藏羚羊有人的一半高，面部仿佛蒙上一个黑色的面罩，顶着一对乌黑锃亮的笔直犄角，在雪地里尤其好认。经过多年的保护，可可西里的藏羚羊不再那么怕人了。李师傅放缓车速，让我们在公路上从后侧缓缓接近，它回头瞅了一眼，也不跑，只是跟我们保持着十多米的距离继续缓步前行。

在一年中的大部分时间里，雄性藏羚羊都是自顾自地享受着悠闲生活。每年的11月至12月，雄性藏羚羊会和雌性藏羚羊完成交配，直到来年的4月中下旬，雄性和雌性藏羚羊再次各奔东西。雄性继续享受它们的悠闲生活，雌性则将带着幼崽开始长达数百公里的迁徙之路，它们将穿越山谷、跨越铁路线、躲避狼群，每年5月底，雌性藏羚羊从昆仑山南麓的长江源区域、西藏羌塘、新疆阿尔金山栖息地集结，长途跋涉前往可可西里腹地的卓乃湖、太阳湖，产下新的幼崽。等到7月，雌性藏羚羊又将带着幼崽循原路返回栖息地。待它们抵达栖息地，闲了春、夏、秋三季的雄性藏羚羊又开始准备向新的“爱情”发起冲锋了。

如此年复一年，在可可西里地区生活的藏羚羊数量已经恢复到7万头。如今小的三五成群，大的可达几十头甚至上百头之多的藏羚羊群，在青藏铁路和青藏公路沿线随处可见。在每年的七八月你还能看到刚出生不久、毛茸茸的藏羚羊幼崽瞪着大眼睛，跟在妈妈的屁股后头“屁颠屁颠”地玩耍。

我们沿着109国道从索南达杰保护站到五道梁保护站，这40公里的路程是藏羚羊出没最频繁的区域。我数了数，仅出现在公路沿线的十只以上的藏羚羊群就不下二十个。其中大多数都是雌性藏羚羊群，羊群里还有一些不足一岁的亚成年个体，跟着妈妈一起迁徙。它们沿着东南—西北方向前行，打算贴着可可西里山的东缘跨过楚玛尔河，向着卓乃湖的方向而去。可惜青藏公路只有双向两车道，且交通繁忙，往来西藏的大货车几乎都会从这里入藏或出藏，实在没多少沿途可以停车的地方。对于大部分藏羚羊群，我们只能远远地看一眼，哪怕就在近在咫尺的路边，也因为不能停车甚至无法减速而遗憾地匆匆而别。

2016年，藏羚羊在《世界自然保护联盟濒危物种红色名录》中的保护等级从濒危（EN）调整为近危（NT）。这对于在可可西里做了二十多年藏羚羊保护的工作者们来说，无异于里程碑式的成就，但藏羚羊的成功降级对于可可西里乃至整个三江源国家公园来说，远不仅仅是单一物种的保护成果那么简单。

不止藏羚羊

在动物保护领域，有指示种、旗舰种和伞护种的概念。

指示种是指可以用来评价环境质量或人为干扰程度，或者监测其他物种或生态系统变化趋势的物种。特征是对环境敏感，易于监测，与其他物种或生态系统相关。例如在森林中，鸟类被认为是一类重要的指示种，它们对森林的结构和功能具有很高的依赖性，其多样性和丰富度可反映森林的健康状况。

旗舰种是指用来引起公众对保护行动的关注和支持，常用于宣传和教育活动的物种。特征是外形醒目，具有亲和力和象征意义，种群数量不断减小并处于濒危、灭绝状态。

伞护种是指用来确定应被保护的生存环境的类型与面积，用于自然保护区规划的物种。特征是体形较大，活动范围较广，对环境要求较高，在食物链中处于较高位置。

通俗来说“旗舰种”就是流量明星，它们的“精神价值、美学价值或文化价值”更容易吸引粉丝和公众的关注，进而引起公众对其生存状态和生存地状态的关注，通过一个“物种”代言整个生态系统。而“伞护种”是指选

/ 斑头雁 / 黄侃淳 摄

择一个活动范围够广的目标物种进行保护，保护这个物种的生存环境就能连带着保护同一个生态环境中的其他物种。伞护种未必就是具有代表性的旗舰种，但在部分生态系统中，伞护种和旗舰种是可以由同一物种兼任的。

我们熟悉的大熊猫就是最具代表性的旗舰种兼伞护种生物之一。得益于大熊猫的“明星效应”，我国在原有保护区的基础上进一步扩充了保护区

面积，进而建立大熊猫国家公园，使得生活在这里的金钱豹、川金丝猴、林麝、羚牛、红豆杉、珙桐等多种珍稀野生动植物被大熊猫“伞护”起来。

在可可西里，可以同时担任旗舰种和伞护种的不二之选自然就是兼具知名度和美貌的藏羚羊了。自20世纪80年代以来，因为三江源地区的农牧业经济发展过分依赖天然畜牧业，以及资源开发管理监督不力等原因，部分地区

/ 成群结队的藏野驴 / 黄侃淳 摄

的草场超载过牧，可可西里等地区的野生动物被偷猎乱猎，三江源流域河床遭滥采乱挖等活动诱发了草场退化、水土流失、源头产水量减少、生物多样性萎缩等一系列的生态环境问题。

随着可可西里保护区的建立，为了保护藏羚羊，2004年，原本居住在格尔木市唐古拉山乡和玉树藏族自治州曲麻莱县的部分牧民，积极响应国家三

/ 呆萌的藏原羚 / 黄侃淳 摄

江源生态保护政策，自发搬迁至今天格尔木市郊的长江源村。过度放牧的现象被遏制，减缓了对草场的破坏，高原植被逐渐恢复生长。我们来访的5月，可可西里看上去还是一片荒芜，但到了7月，无数花草会茁壮生长，在高原的寒风中倔强地绽放。等到8月，植物的种子便已成熟脱落，在可可西里的蓝天下随风飘荡，开枝散叶。等到某一阵狂风或是大雪之后，可可西里短暂的夏天“戛然而止”。但这几十天的时间已经足够可可西里的植物完成从发芽成长到开花结籽的全过程，并为可可西里的生态体系打下基础。

有了丰茂的植物，又少了牛羊的争抢，体形娇小、长得像《猫和老鼠》中Jerry的高原鼠兔，身材圆滚滚的表情包“肥宅”——喜马拉雅旱獭，长着一双大长腿身手矫健的高原兔……这些以簇生柔子草等垫状植物为主要食物来源的高原生物，就有了充足的食物来源，进而数量飙升，这些在草原上到处打洞的家伙构筑起高原食物链的第一梯队。

猎隼（国家一级保护动物）、大鵟等猛禽从空中飞临，以大方脸著称的藏狐和形似家猫的兔狲，从地面出击——这些呆萌的家伙又纷纷成为它们的盘中餐。控制啮齿类的数量后，植物得以进一步生长。凤毛菊、火绒草、圆穗蓼等植物，纷纷借助垫状植物体内稳定而优越的小环境蓬勃生长。体形更大的藏原羚和藏野驴们开始出现在高原上，更加强壮的白唇鹿、岩羊（国家二级保护动物）们也开始徘徊在这片荒原的边缘。

于是，猞猁开始把岩羊、藏原羚、藏羚羊的幼崽列到“今日供应”菜单上。猎枪不再响起，狼又成为可可西里无可争议的王者。作为食物链顶端的“终极猎手”，狼利用强大的群体配合能力，可以围捕生活在这片荒原上的一切生物。棕熊虽然体形更大，却没有狼那么敏捷，也缺乏群体的配合。鼠兔、喜马拉雅旱獭等小型动物，才是棕熊的主要食物来源。在这片荒原上有

/ 岩羊 / 视觉中国 提供

机会跟狼和棕熊“掰掰手腕”的食草动物只有成年的雄性野牦牛，覆盖全身的长毛和半吨的体重，即使是越野车遇到了也要赶紧跑路。雪豹则如幽灵一般出没于荒野边缘的山区，极少见诸荒原。

比大鵟体形更大的胡兀鹫（国家一级保护动物）、高山兀鹫（国家二级保护动物）、秃鹫（国家一级保护动物）等食腐类猛禽，则被排到了捕食者的最末端。它们不直接捕食，而是担任荒漠和高原的清道夫，在空中缓慢飞行，寻找地面的动物尸体。一旦发现死亡的动物尸体，它们可以在短短几十分钟内将一具庞大动物的尸体吃得只剩下骨架。

这些飞禽走兽的尸体和粪便又为高原植物提供养分，自然的齿轮一环扣一环，在藏羚羊的保护伞作用下，这样一个完整的生态系统得到了有效的修复。今天的可可西里，不仅是藏羚羊的家园，更是200多种野生动植物共同的家园。

荒原守护者

“今天镇上有赛马比赛，咱先吃个饭，吃完饭带你们去看赛马……”

“采访？不着急，不着急……先看赛马，先看赛马……”

华站长是三江源国家公园可可西里管理处沱沱河保护站的副站长，我们原打算在沱沱河保护站对他和他手下的管护员做个简单的采访，没想到一联系才发现华站长和两个同事此刻就在唐古拉山镇，于是我们就在镇上和站长接上了头。华站长全名华才仁，这个名字让我一度疑惑他到底是汉族还是藏族。

唐古拉山镇位于沱沱河和109国道交会处，是青藏线的中点，从唐古拉山镇再往南190公里就是青海与西藏的界山，海拔5231米的唐古拉山口。这里是唐古拉山北麓最后一个海拔相对较低、适合人类居住的地方。早在20世纪50年代，为保护进藏通道的安全，这里就有驻军把守。时至今日，青藏高原第一哨依旧驻守在唐古拉山镇沱沱河大桥边。

2004年，原居住在唐古拉山镇附近牧区的牧民，为配合可可西里的建设，把自家的牛羊都变卖后，告别了世代放牧的生活，迁到格尔木市郊的长江源新村居住。如今，虽然离开从小生活的牧区近20年，但他对赛马的热爱却是丝毫未减。这不，听说镇上今天有赛马，就带着两个管护员，趁着巡护

/ 骑手牵着赛马入场 / 黄侃淳 摄

的空档来凑个热闹。

所谓的赛马比赛其实并不是什么官方组织的活动，而是当地藏族同胞自发组织的一个不定期赛事。赛事规模不大，但该有的仪式流程却一点都不含糊。参赛选手和观众都聚集在唐古拉山镇郊外的一片煨桑场上，参加赛马的赛手把自己的马盛装打扮一番，马头上梳起一个高高的冲天髻，然后大伙儿

/ 身上挂满哈达的赛马 / 黄侃淳 摄

给各自支持的赛马祈福献哈达，有的马儿身上挂满了哈达，有的则显得冷清很多。仪式结束后，骑手们牵着马儿绕着煨桑转上几圈后奔向两三公里外的赛马场。所谓的赛马场也并没有太多的讲究，用旗子大概围个几百米的椭圆形跑道，用滑石粉画个起跑线就算完事儿了。比赛规则异常简单，谁先跑完十圈谁就是优胜者，可以赢得一辆摩托车。

从附近十里八乡赶来看热闹的当地人不少，赛道边满满当当停了几十辆车，大家席地而坐，一边嗑着瓜子，一边关注场上的赛事。涉藏地区的马远不如新疆的马高大，在爆发力上也要逊色一些，骑手们为了给马儿减轻负担，好几个都卸了马鞍、马镫，骑乘在光溜溜的马背上，更有甚者，为了进一步减重，把鞋子都蹬了，只穿了双袜子骑马。整个赛事也就持续十几分钟的样子，决出胜负后华站长也不等什么颁奖仪式，大手一挥："走了，回站上去。"

109国道沿线，自南向北一共有沱沱河保护站、五道梁保护站、索南达杰保护站、不冻泉保护站4个常设站点，每个保护站配有管护员12人左右。另外卓乃湖保护站是季节性站点，库南保护站常年有人值守。50个左右的人员配置就是管理可可西里所有的人手了。在所有管护员中，九成是生活在唐古拉山镇、曲麻莱县等地的藏族汉子，也只有他们才能勉强适应这高海拔的恶劣环境。每个常设站点都会安排4个人驻守，15天为一班，轮班结束可以回格尔木休息。在这15天里，他们要负责辖区的日常巡护、国道沿线动物的救助、藏羚羊过马路时的交通疏导、游客接待等工作。当我们问起华站长保护站的上下班时间时，华站长嘿嘿一笑："我们就住在这里，哪有什么上下班时间嘛。"

当我们问起巡护路上的艰险时，华站长波澜不惊地说："经常碰到棕熊、狼、野牦牛，但最危险的还是天气和路况。" 2016年，当时华站长还是个刚当了两年管护员的“新兵蛋子”，他和同事历时一个月的巡山行程接近尾声，却突然遇到暴风雪。两辆车一辆损坏，一辆陷进泥潭，挖了整整三天也没挖出来，队长不得已用卫星电话求救。被困的管护员一边等待救援，一边自救，但等了六七天才盼来救援的队伍。原来这已经是在接到他们的求援之后，可可西里管理处派出的第三批救援力量——前两批也被烂泥滩困在途中。而早在两天前，方便面和发绿的土豆就已经吃光了。华站长当时远远地看到救兵们带来的油条：“一见油条就往那边冲过去了，人在泥巴里边，往油条的方向一直走，心里想着‘有吃的了，赶紧’。人特别饿，拿起油条连着吃掉了可能七八根，浑身都是泥巴也不在意……”

他们这一代的管护员已经不需要像前辈一样面对盗猎者的枪口，但自然的严酷却丝毫没有减少。到了寒风刺骨的冬日，可可西里的巡山巡护工作仍然需要继续。而到了春天，冻土尚未融化，有的地方土壤坚硬，结冰的河床和湖面能让巡护队员们顺利通过。但看似平整坚硬的冰面往往隐藏着看不见的危险，一路上，巡护的车辆不时会陷入冰面，或被困河道。深入至无人区，强沙尘暴等恶劣天气更是时有发生。生态管护工作虽然危险又辛苦，但是很有意义，正是他们一代代人的坚守，才换来了如今可可西里的静谧与美丽。虽然没有了盗猎者，但是可可西里的赫赫声名又带来新的麻烦——近年来非法自驾穿越者成了可可西里面临的新问题。用华站长的话说：“就是一帮吃饱了撑的非要证明自己点儿什么的闲人。”

2020年9月，三江源国家公园管理局发布通告，禁止一切社会团体或个人在未经备案的情况下私自进入可可西里。

可可西里，中国最伟大的荒原，而我们所能做的，就是让荒原永归荒原。

/ 骑手赛前与赛马合照 / 黄侃淳 摄

◆ 可可西里管理处总共有多少个保护站？

青藏公路沿线有4个，从南往北分别是沱沱河保护站、五道梁保护站、索南达杰保护站以及不冻泉保护站。最早建的是索南达杰保护站，它的位置正好扼守在可可西里的主要入口，1997年建成后，是反盗猎的前沿基地。另外3个保护站都是在2001年左右修建的，最初只是简陋的帐篷保护站，2006年才建成房子。另外，在卓乃湖和库赛湖也各有一个保护站，卓乃湖为季节性保护站，库南生态保护站则常年有人值守。

◆ 保护站的日常工作是什么？

每个保护站的基本工作都是以巡山为主。但索南达杰保护站同时也是对外宣传的窗口，站内有一个可可西里展览馆，游客可以进去参观，没有去巡山的管护员也会担起讲解员的工作。索南达杰保护站后面用围栏围了一圈占地500余亩的草场，那是我们的野生动物救助中心，管护员巡山时如果遇到受伤、生病的野生动物，或是迁徙途中落单的、被母羊遗弃的藏羚羊幼崽，便会带去那里，迄今已救助了800多只小藏羚羊和狼、藏原羚、藏野驴等动物。被救助的小藏羚羊一般不会待在救助中心超过1年，不能让它们太依赖人类，伤养好或幼崽长大后，就会尽早放归大自然。

◆ 保护站有多少个管护员？成为管护员有什么条件吗？

除卓乃湖等季节性保护站，每个保护站基本上配备12位管护员，一次巡山就会出动半数以上的管护员。成为管护员并没有特别的门槛，但由于可可西里平均海拔在4888米，考虑到身体的适应性，管护员中藏族占90%，不少人过去就是牧民，他们从小就生活在此。但即便是土生土长的藏族人，可可西里高寒恶劣的气候条件对他们来说，也是超越生理极限的挑战。我们巡山时晚上都是搭帐篷睡觉，天黑后气温会降到-20℃甚至更低，风力常常在8级以上，冬天最低气温在-40℃以下，不少队员都有关节炎、腰肌劳损等问题。

◆ 每次巡山需要多久？

这个说不准，巡山没有固定路线，自然主宰一切，一场突如其来的暴风雪或河流水势太大，都会迫使我们绕道。我们每次巡山的路线几乎都不同，应该说可可西里没有两条一模一样的巡山路线。理论上一次巡山往返需要七八天，但遇上陷车、天气原因等，就不好说了。举例来说，从我们保护站出发走顺时针路线的话，先向西到与西藏、新疆接壤的保护区界碑处，然后向北到昆仑山，再向南返回，一路经过西金乌兰湖、太阳湖、卓乃湖、多尔改错等，这样一趟差不多900公里，十天半个月少不了。

◆ 巡山时有没有危险？

天气、路况是主要的问题。可可西里无人区没有路，而且90%以上是冻土，到处是泥潭和沼泽，有时候地表看上去冻得硬邦邦的，其实下面全是水，陷车、挖车、爆胎、修车是常有的事。在海拔4800米以上的地方修车对体能消耗极大，加上常常会遭遇极端天气，夏季怕暴雨洪水，冬季怕暴雪低温，夏季陷在泥潭里，冬季陷在积雪中。如果被困的时间长，食物吃完了，天气状况持续恶劣的话，会非常危险，在这种情况下抢修车辆，难度可想而知。另外就是野生动物，这两年可可西里的野生动物越来越多了，最怕遇到野牦牛，一般遇到就赶紧离开。雌牦牛大多成群出现，一般不攻击人，会伤人的是单独活动的雄牦牛。野牦牛体长2米多，体形比家养牦牛大2倍，虽然不至于将车子顶翻，但可以轻而易举地把油箱、水箱顶坏。晚上我们搭帐篷睡觉，最怕遇到棕熊，如果棕熊来访，我们只能一边挥舞手电，一边敲击锅碗瓢盆，直到把棕熊赶跑。

◆ 和以前巡山相比，现在有什么不同？

最早巡山是为了保护藏羚羊，是要与盗猎分子战斗的，保护站也兼具"森林公安"的职能，改制前我们都是带枪巡护。改制后森林公安整体纳入省公安厅，我们是国家公园管理局的工作人员，不再配枪。可可西里已经多年没有盗猎者，藏羚羊危机也已解除，如今我们巡山遇到更

/ 可可西里不冻泉保护站 / 视觉中国 提供

多的是非法穿越的游客。可可西里对于游客可进入的范围有严格规定。按规定，游客仅限于在109国道上行驶，不能下公路，但每年依然有不少游客擅自进入，巡山时看到他们就要劝返，或直接把他们带出来。

◆ 藏羚羊的主要迁徙通道在哪里？每年固定吗？

青藏铁路的五北大桥、青藏公路2998公里处是藏羚羊最大的一个迁徙通道。每年的迁徙路径基本上是固定的，前后不会超出3公里。

◆ 相对于其他保护站，五道梁保护站有什么特别的工作吗？

平常也都是一样的巡护工作，主要的不同在藏羚羊迁徙季。五道梁保护站是因藏羚羊而选的址，这里正对五北大桥，方便我们为迁徙的藏羚羊保驾护航。从4月底5月初开始，五道梁保护站的管护员便要准备迎接第一批藏羚羊的到来，直到送走最后一批藏羚羊。再到7月底8月初，产完羔的母羊带着幼崽原路返回到这里，第二次过马路。这期间，我们每天都要在辖区内进行不间断巡护，通过望远镜观察有没有羊群往五北大桥聚集，如果发现有，我们就要化身青藏公路上的临时“交警”，采取临时交通管制，让两边的车辆停下等待，并禁止鸣笛，在公路上留出1~2公里的真空地带供藏羚羊过马路。

◆ 每天大约会有多少批藏羚羊过马路？每批来都要交通管制吗？

一天来几批、来多少头藏羚羊都不一定。藏羚羊很少会单独或小群体过马路。如果只有少数几头，它们通常会在马路边等待队伍壮大。一般来说，最起码会等到聚集了

10头以上才过马路。

◆ 在这样一条重要的运输线上叫停所有车辆，听起来并不是一件容易的事，你们是怎么做到的?

2002年，我们第一次尝试在藏羚羊过马路时进行交通管制。这么多年下来，常年在青藏线上跑的货运司机野生动物保护意识都很强，每到迁徙季都有共识，自觉停车等待。第一次经过的司机，在听完我们的解释后也会非常配合。

神奇动物在哪里

专题 黄侃淳

/ 高山兀鹫 / 黄侃淳 摄

2021年10月12日，在联合国《生物多样性公约》缔约方大会第十五次会议（简称COP15）上，中国政府宣布正式设立包括三江源国家公园在内的首批5个国家公园。其中平均海拔4700米、总面积达19.07万平方公里的三江源国家公园，面积占已设5个国家公园的83%，同时也是全世界海拔最高、中国面积最大、高寒生态系统最完整的国家公园。而长江源园区又以14.69万平方公里的面积，占整个三江源国家公园总面积的77%。

这片地貌丰富、海拔落差极大的区域，是雪豹、藏羚羊、狼、棕熊、野牦牛、藏野驴等国家重点保护野生动物的重要栖息地和迁徙通道。在这里，旅行者可以近距离观赏到很多平时只能在纪录片里才能见到的野生动物，野生动物的可见性和丰富度不但在国内，哪怕放眼全球都是极为罕见的。经过多年的动物保护，大部分野生动物并不十分怕人，野生动物爱好者得以在一个相对较近的距离观赏拍摄。

那么，在面积接近浙江省的长江源园区内，可以从哪里看到这些优美的生灵呢?

◆ 可可西里

可可西里毫无疑问是三江源国家公园最闪亮的名片。归功于索南达杰和之后众多野生动物保护者的付出，可可西里在全球动物保护领域都拥有极高的知名度。自2009年起，曾一度猖獗的盗猎活动已经在可可西里绝迹。2021年8月中旬，国家林草局发布，我国藏羚羊数量已从20世纪八九十年代的不足7万只，增加至目前的约30万只，其中，可可西里的藏羚羊数量从不足2万只恢复到7万只以上，藏羚羊保护级别也从濒危物种调整为近危物种。如果索南达杰还在世，听到这个消息，肯定会比我们更加激动。

同时，可可西里也是三江源国家公园三个园区中，最触手可及又最难接近的区域。说触手可及是因为109国道青藏线直接从可可西里东缘穿过，旅行者可以沿着这条路从格尔木直达拉萨。沿途可以在索南达杰保护站的小展馆里，参观了解可可西里生态保护的故事，也有机会看到藏羚羊、藏原羚、藏野驴甚至狼和棕熊等野生动物。

说难以进入是因为可可西里声名在外，一直以来都有大量越野自驾爱好者擅自深入可可西里腹地，给当地的生态环境造成了一定程度的破坏，偶尔还有旅行者被困的情况发生。因此，三江源国家公园管理局在2023年5月9日发布公告明确表示："三江源国家公园核心保护区禁止开展旅游、探险、穿越等活动，一切组织或个人未经许可不得擅自进入。"

从不冻泉到唐古拉山镇，沿途的200多公里是野生动物出没最密集的区域，尤其是每年的4月底至5月初和7月底至8月初两个时间段，在五道梁保护站附近的青藏铁路五北大桥和青藏公路2998公里处附近，上百头的藏羚羊迁徙部队会结队穿越青藏铁路和青藏公路，场面蔚为壮观，堪称青藏高原上的"天河之渡"。

如果运气实在太差，一路都没有看到藏羚羊（虽然这几乎不太可能），也不用担心。在109国道边的索南达杰保护站背后，有片占地500余亩的"藏羚羊幼儿园"和野生动物救助站。保护站的管护员会把巡山路上发现的落单的小藏羚羊或是别的受伤需要救助的野生动物带到这里，进行保育和救助。等到它们长大或是伤情恢复到足以应付高原的自然环境后，再进行放归。

◆ 天上索加

长江源园区大体以109国道青藏线为分界线，由西侧的原可可西里国家级自然保护区和东侧的原三江源国家级自然保护区索加—曲麻河保护分区。相比可可西里的一望

/ 高原上随处可见的高原兔 / 黄侃淳 摄

无垠，索加—曲麻河保护分区地貌更加多变，被誉为“长江源头第一大峡谷”“长江源头最后的秘境”的烟瘴挂大峡谷就在索加—曲麻河保护分区。

在没有当地向导带路的情况下，想进入烟瘴挂绝非易事。但即便不去烟瘴挂大峡谷，索加—曲麻河保护分区的生物多样性和可看性也不输可可西里，一定能让你“大饱眼福”。

从唐古拉山镇沿着109国道向北约19公里处，路的右侧有一条不起眼的岔路就是224省道，这条省道主要以碎石铺就，可以直通索加乡。没有109国道繁忙的交通，这里显得空旷安静，可见的野生动物也要比国道沿线丰富得多，藏野驴、藏原羚、高原鼠兔、藏狐、狼、喜马拉雅旱獭、金雕（国家一级保护动物）、凤头百灵、兔狲等高原生物，都生活在这片区域里。

沿着313省道跨过通天河后，地貌为之一变，通天河北岸以高山草甸为主，南岸以岩石山体为主，这里是岩羊和雪豹最喜欢的生活环境。科研人员对当地各雪豹监测点数据进行汇总分析，结合区域物种分布密度估算发现，三江源国家公园的雪豹数量已超过1200只，澜沧江源园区的杂多县昂赛乡、扎青乡，以及长江源园区的治多县索加乡、曲麻莱县曲麻河乡、叶格乡、巴干乡、约改镇等地区，都是雪豹出没比较集中的区域。

沿着这条路一直走，过了莫曲村继续往东就是烟瘴挂大峡谷。但通往峡谷的道路可能并非坦途，若峡谷入口的公路因气候或地质原因塌方，就只能在谷口远远地望上一眼了。

◆ 隆宝滩黑颈鹤保护区

黑颈鹤主要栖息于海拔2500～5000米的高原、草甸和沼泽地带，是在高原淡水湿地生活的鹤类，也是世界上唯一生长、繁衍在高原的鹤类。藏族人称它们为“吉祥鸟”，足以见得他们对黑颈鹤的喜爱。在长篇史诗《格萨尔王传》中，王妃珠姆在被霍尔国的黄帐王俘虏后，写信向格萨尔王求救时，也是派3只黑颈鹤去送的信。

青海隆宝国家级自然保护区位于玉树藏族自治州玉树市西部的结隆乡。每年4月至10月，黑颈鹤都会来这里度过漫长的夏季，待到天气渐冷，再飞往遥远的南方。夏天，这里每天都会聚集不少来自全国各地的观鸟爱好者。

/黑颈鹤/视觉中国 提供

自然保护区设有一个科普教育基地，三层小楼的楼顶还贴心地配了高倍率望远镜以便观鸟爱好者使用。如想要拍摄黑颈鹤，建议携带600毫米以上的长焦镜头。

第六章

静谧的可可西里

可可西里在蒙古语里意为“青色的山梁”，也称“美丽的少女”。它是世界上受人类影响最小的区域之一，在生物多样性保护、科学研究和自然体验方面具有不可替代的价值。可可西里也是藏羚羊在地球上最大的家园，经

/ 成群的藏羚羊 / 视觉中国 提供

历了20世纪90年代不法分子的盗猎后，这里建立了全球第一个为保护藏羚羊而设的自然保护区。如今，“美丽的少女”已经恢复往日的静谧，在每年的藏羚羊迁徙季，护送藏羚羊过马路成了青藏公路上一道独特的风景线。

颠沛在青藏公路上

“看见右边那排房子了吗，那是驼工场，前几年开发成景点了。”一路上司机李师傅化身向导，不时把睡得摇头晃脑的我叫醒，告诉我正经过哪个重要的景点。不忍心泼他冷水的我，其实对窗外那些他认为很重要的景点兴趣不大，我已经在他车上颠了20多天了，回程驶上高速，此刻我只想做个上车睡觉的游客。

“当年修青藏公路时，就靠这个驼工场的1万多头骆驼运送物资，我父亲以前就在这里工作。”李师傅不顾我的困意，打开了回忆之门，“我老家是河北的，20世纪50年代家里穷得揭不开锅，正好全国号召援疆建设，我父亲就和老家的亲戚朋友一起报了名，结果他们在西宁走散了，我父亲不识字，稀里糊涂上了辆发往格尔木的车。他在格尔木举目无亲又身无分文，听人说青藏公路在招工，就这么成了慕生忠将军麾下的一员。”同行了20来天，看李师傅麻溜地用汉语和藏语与本地汉族和藏族沟通，一直以为他是地道的青海人，没想到竟是青藏公路第一批建设者的移民后代。

李师傅继续唠着：“‘高反’要了多少工人的命啊，人牵着骆驼一点一点把物资往唐古拉山镇运，每趟都有人有去无回，骆驼也一样，16,000

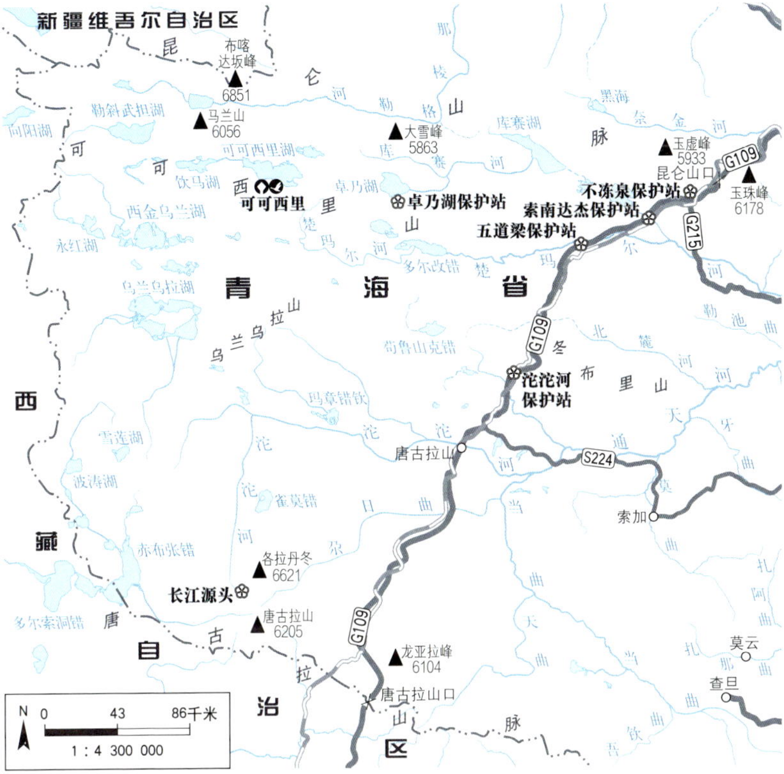

/ 可可西里 /

头骆驼最后只剩4000多头，能活下来的都是命大。我父亲一开始不是正式工，一个月赚5块钱，转为正式工后一个月能拿12块钱，在那个年代已经很可观了。”

我睡意全无，打开手机查了下定位，这里离茶卡盐湖才十来公里，李师傅口中的驼工场全名叫青海省海西州莫河骆驼场，前身是1953年成立的青海省海西州国营莫河骆驼场。1954年，在慕生忠将军的带领下，人们仅用了短短7个月零4天，就将公路铺到了拉萨。青藏公路完工后，李师傅的父亲也娶

/ 风景壮丽的青藏公路 / 视觉中国 提供

了本地媳妇，扎下根来，此后再没回过河北老家。

我们才告别青藏公路（109国道），那可真不是趟舒服的行驶体验。不同于被横断山脉切割得高高低低的滇藏线、川藏线，穿越青藏高原腹地的青藏线没有一条盘山公路，车窗外是一望无际的荒原，景色虽壮阔却单一，可以延续几百公里都无变化，唯靠不时冒头的可可西里野生动物来提神。我们驰骋在4500米海拔之上，却因为基数高，就连昆仑山、唐古拉山看起来也并非高不可攀。尽管地势平缓，车轮下却鲜少平坦的路，从坐李师傅车的第一天起，坐在后座的我每天都会被他关照系好安全带，我常忍不住偷偷松开，但很快就因受不了无处安放的屁股，又自觉系上了。

青藏公路并非年久失修才导致地无三尺平，也不能全怪罪于载重大货车的常年碾压——青藏公路是条重要的运输线，进藏85%的物资都通过这条公路运输。要怪只能怪这里的地形特质，青藏公路沿线皆为高原冻土层。所谓冻土，指在气温极低、降水少、地表没有积雪的条件下，地表土层冻结，冬天坚硬如石头，气温转暖时冻土消融，又迅速变成泥沼，长此以往土层或岩石便遭到破坏和移动。而在冻土地貌修公路的结果是，冬季路基底下和两侧上冻，春天随着温度上升，路基下的冻土层开始翻浆，公路变得松软，经汽车碾压后形成路坑，经过周而复始的冻结又融化后，导致地面变形。

青藏公路两侧不时会出现密集的白色杆子，就是针对冻土层的散热器，起冷热交换作用，以保持地基的冷度。但经这一路体验下来，看来散热器并没有彻底解决冻融交替的难题。大概也因此，另一条“天路”——青藏铁路，晚了半个世纪才完工。

一条神奇的天路

著名的火车旅行作家保罗·索鲁，在其1988年出版的《在中国大地上：搭火车旅行记》中写道："昆仑山脉的存在，确保了铁路永远不会修到拉萨。"1986年他在中国旅行时，先从西宁坐火车到格尔木，然后包了辆汽车沿着青藏公路去的拉萨。这段铁路在他来中国前两年建成通车，是青藏铁路的"前传"。事实上，当时铁轨铺设到了格尔木继续往前32公里的昆仑山脚下，保罗·索鲁包车路过铁路的终点，也体验了驾驶后半段路途的艰辛，所以认定铁路逾越不过昆仑山脉。但他的结论下早了。2001年，青藏铁路开始填补后半段的空白，格尔木和拉萨同时开工，终于在2006年7月1日将进度条拉满。青藏铁路成为世界上海拔最高、气候与地质最复杂的高原铁路，包括960公里超过海拔4000米的路段、550公里常年冻土地段和海拔5206米的唐古拉山口。

两条"天路"在可可西里路段齐头并进，不时左右交叉换位，正值藏羚羊迁徙季，车窗外常出现藏羚羊一闪而过的身影。青藏铁路修建时，遇到一个严峻的问题，就是藏羚羊的迁徙。藏羚羊生性胆小又敏感，当时青藏公路已经运营了半个世纪，但这些高原精灵对于跨越公路仍未完全适应，好在从

/ 直通雪域高原的青藏公路 / 视觉中国 提供

昆仑山口到五道梁的迁徙路径长达100公里，20世纪，每天行驶在青藏公路上的汽车也就几百辆，藏羚羊总能等来一段相对长的“空窗期”。可如今旁边又多了第二重障碍，这下藏羚羊的迁徙之路就彻底被阻断了。

彼时的可可西里已晋升为国家级自然保护区，藏羚羊盗猎得到有效遏制，经过多年的宣传和努力，国内野生动物保护意识很强。青藏铁路在设计时也根据不同地势为野生动物准备了三种通道——桥梁下方、隧道上方、缓坡平交，在地势平坦的可可西里段，主要是桥梁下方通道，通道净高超过3米，

/ 青藏铁路 / 视觉中国 提供

正好适合藏羚羊的体形尺寸。但这只是人类的一厢情愿，对藏羚羊来说这样的通道是陌生的，铁路破土动工巨大的轰鸣声更是吓退了它们。据统计，2002年青藏铁路施工期间，楚玛尔河两侧有800只藏羚羊没有跨过铁路路基，只能就地产羔；次年同一地点有1500只藏羚羊没有跨过铁路。在民间环保组织“绿色江河”的建议下，青藏铁路总指挥部采取了一系列措施，包括将施工单位的生活营地撤离迁徙通道、部分路段采取分段施工、每天有2个时段铁路施工车辆停止行驶。因受气候影响，青藏铁路每年只有6个月的施工期，但还是为了藏羚羊放缓施工进度，这在中国现代文明工程史上是史无前例的。

除了铁路，那几年青藏公路上的汽车也日渐增多，达到平均每小时100多辆，数量远高于以往，藏羚羊好不容易鼓起勇气冲过了铁路，在青藏公路的车流前再度不知所措，迁徙之路好比闯关游戏，两条皆是“鳄鱼河”。

2002年夏天，在索南达杰保护站做野生动物调查的志愿者裘丽，曾目睹一群藏羚羊在3小时内努力了38次，不断被飞驰而来的汽车冲散，最终还是没有全部跨过公路，部分藏羚羊放弃迁徙，又朝着来时的路走了回去。

“绿色江河”经过3年持续调查和统计，在掌握藏羚羊迁徙路径第一手资料的基础上，于2004年开始协助藏羚羊跨越青藏铁路和青藏公路的试验。志愿者们分散在铁路路基和公路路基的各个观察点位置，通过望远镜跟踪藏羚羊的移动情况，当看到藏羚羊越过了青藏铁路，向公路靠近时，就在公路两侧将临时的太阳能红绿灯亮起，拉开“藏羚羊过公路，请您稍等一会”的横幅，拦停过往车辆，清理路障，为藏羚羊迁徙创造出1个小时的无干扰时间。当年“绿色江河”如此这般护送了2000多只藏羚羊越过青藏铁路和青藏公路。在试验证实切实有效后，这成了长期项目，后交由当时的可可西里保护区管理局延续至今，临时交通管制区就设在青藏铁路五北大桥所对应的青藏公路段。

行驶在青藏公路上，不时会看到“野生动物通道”的标牌，提醒着过往车辆减速避让，不要惊扰野生动物。青藏铁路也为藏羚羊设置了总共33处通道，其中五北大桥与公路之间是一片2公里宽、10公里长的缓冲地带，藏羚羊一定是经过一次次“步步惊心”的尝试后，才找到这处理想的迁徙通道，而附近的五道梁保护站自然而然承担起了每年迁徙季为藏羚羊保驾护航的重任。

伴随迁徙高峰期的到来，藏羚羊“过马路”已经成为青藏公路沿线一道独特的风景。千百年来，人类以不同的方式在这里书写神话，这片曾经只有女娲、王母才能涉足的传奇秘境，因现代人类工程而变得不再遥不可及。在无尽的荒原与险峰中，天路拓宽了人类存在的边界。现代人类的工程奇迹与高山圣湖比邻而居，而藏羚羊生态廊道的摸索与设立，使得这里的人与自然得以和谐共生，这何尝不是又一个新的奇迹呢?

偶遇迁徙

今年第一批迁徙的藏羚羊在4月26日抵达五北大桥。当天中午12:35，26只藏羚羊跨过109国道的3001公里处，向卓乃湖方向走去。三江源国家公园的公众号发布了藏羚羊集体过马路的视频。视频中，几十只藏羚羊集结在109国道东侧，五道梁保护站的工作人员化身“交警”，公路两头的大车小车都停了下来，留出1公里多的空白路段，视频里周围很安静，只有风声，其实人和车与藏羚羊之间需要用望远镜才能看清彼此，但所有人都下意识地不敢吱声，生怕惊扰了藏羚羊。几分钟后，第一只藏羚羊踏上了公路，它似乎知道自己是全军主帅，责任重大，勇敢又小心翼翼，它走到马路中间后，没有一鼓作气继续，而是往回退了几步，左顾右盼，再度向前，反复试探后，终于确认没有危险，大踏步地越过公路，向荒原深处奔去，随后，其他藏羚羊也都逐个过完马路。

我们抵达可可西里时是5月中旬，正是迁徙进行时，根据三江源国家公园管理局发布的数据，今年在五道梁保护站附近迁徙的藏羚羊已超过1000只，单日最高数量达134只。但我们来回两次驶过五道梁，都没遇上“临时交通管制”，当然也没有见到藏羚羊浩浩荡荡过马路的场面。沿途三三两两的藏羚

/ 飞翔的黑颈鹤 / 视觉中国 提供

羊倒是见了不少。雄性藏羚羊非常容易辨认，因为有两根两尺长的羚羊角，总能在羊群中脱颖而出。雌性藏羚羊不长角，肤色匀称，通体为淡褐色，而雄性藏羚羊的面部和四肢正面为黑色。如果远远看见母羊我就没那么大把握了，要等它转身发现没有“蜜桃臀”——藏原羚标志性的心形白屁股，才敢相认。

我喜欢公羊那对又长又直的犄角，直冲云天，看起来英气逼人，这几

/ 排队过马路的藏原羚 / 黄侃淳 摄

/ 藏羚羊幼崽 / 视觉中国 提供

天在公路边看到的也以公羊居多。直到听了卓乃湖保护站站长秋培扎西的介绍，才知道这些雄性藏羚羊并不参与迁徙。每年藏羚羊产羔季，秋培扎西都在卓乃湖守护着它们，对藏羚羊的习性非常了解，他告诉我们：“藏羚羊只有在每年11月至12月的交配季才会雌雄混群，其他季节都是分群迁徙、生活。在往卓乃湖方向迁徙的队伍里，有怀孕的母羊，也有没怀孕的母羊，唯独没有一头公羊。公羊就在这里安逸地吃草，等着母羊产仔回来，又进入下一轮找对象、交配的过程。这个世界上我认为最可怜、最可敬的母亲是藏羚羊，最不负责任的父亲也是藏羚羊。雌性藏羚羊这一生就是在为生儿育女持续奔波。”

我心里暗骂公羊“渣男”，心理天平立即倒向了雌性藏羚羊。藏羚羊是一夫多妻制，一只公羊可能会有5~20只甚至上百只母羊伴侣，却没有一点担当。说白了，雄性藏羚羊就凭着两根漂亮的“钢叉”，通过“内斗”赢得交配权，到手后就不管老婆死活了。母羊千里奔袭，要躲避天敌、天灾，冲破现代文明带来的路障，冒着九死一生的危险，抵达卓乃湖“产房”临盆，母性之伟大，在藏羚羊的世界展现得淋漓尽致。秋培扎西告诉我们，就算在迁徙羊群中，看到一两头雄性藏羚羊，它们也只是短暂陪伴，最终聚集在卓乃湖的藏羚羊群中，还是看不到一头长角的。

我们虽然没有看到成规模的迁徙队伍，但还是亲眼见证了一回藏羚羊过马路。为了拍摄几只藏羚羊，我们把车停在公路边，目睹它们逐渐在视线中走远，忽然，它们没带半点犹豫，就列队踏上了公路，然后走入公路另一侧的荒野中。我这才留意到，除了我们这辆车，两边还有几辆车也自觉熄了火，大家都在等待、目送藏羚羊。这几只藏羚羊或许已经不是第一次跨越109国道，可能是外婆、妈妈、外孙女的三代组合，它们一年又一年奔走在这条迁徙路上，已不再胆怯。眼前的景象令我有点感动，人类花了10多年，遏制住偷猎，又花了10多年，让藏羚羊对我们放下了戒心。

从五道梁到卓乃湖还有近200公里，它们还得走上大半个月。据可可西里管理处的数据统计，每年在卓乃湖产崽的藏羚羊约有35,000只。这些藏羚羊在卓乃湖产羔后，又将马不停蹄地带着没满月的幼崽，沿着来时的路再度跋涉千里，在七八月回到五道梁，那时它们将鼓励自己的孩子，克服内心的恐惧，跨越生命中的第一个障碍。

深入可可西里

不知当初设计青藏公路时是有意还是巧合，109国道正好形成了一条区分可可西里荒野与非荒野的分界线。从昆仑山口到公路界碑3152公里，国道的东侧零星散落着一些规模极小的村子，而在它西侧则没有常住居民，是真正的无人区，藏羚羊的“产房”卓乃湖、当年索南达杰浴血奋战的太阳湖等都位于西侧的核心区，也是保护站管护员巡山的主要片区。

可可西里管理处在青藏公路沿线设4个保护站，共有40多个管护员。可可西里有90%以上是冻土，别说硬化路，连砂土路、羊肠小道都没有，每一次巡山都堪称举步维艰。可可西里拥有青藏高原上最完整的高原夷平面和高原湖盆，看着宽阔平坦，其实都是滩地，排水不畅，形成大面积以冻胀丘为基底的高寒草甸和沼泽湿地。索南达杰保护站的管护员半个月前刚结束一次巡山，他们说这趟比较顺利，因为是冬天，大地冰封，河水冻住，尚好行车，接下来气温转暖，冻土消融后，可可西里就会积水成潭，到处是沼泽地，表面根本看不出，车开着开着就陷进去了，绞盘拉、铁锹挖是巡山途中常有的事。

经过申请，我们被允许去距离最近的库赛湖看看，索南达杰保护站派管

/ 可可西里藏羚羊雕塑 / 视觉中国 提供

护员多杰给我们带路。路途说起来近，也要花上一整天时间，顺利的话单程3小时能开到库赛湖。路比想象中还难开，好在土质尚算结实，但大坑小坑接连不断，我们像行驶在波浪上。李师傅前几天夸下海口：“等进了可可西里，好好给你们展现下车技。”眼下这位拥有30年驾龄的老司机前所未有的专注，两眼紧盯前方，不和我们说一句话，连音乐都不放了。我坐在后座又一次刷新了对颠簸二字的认知极限，在上下左右的摇晃中，甚至无法确定车窗外一闪而过的是狼还是藏狐。

海拔5980米的玉虚峰率领着昆仑山群峰绵延在右侧，那是可可西里的北部屏障，由于可可西里的平均海拔在4800米以上，等于是“站在巨人肩膀上”遥看昆仑山脉，便少了几分高山仰止的效果。南边还有两条几乎平行的山——可可西里山和乌兰乌拉山，三山间分布着太阳湖、卓乃湖、可可西里湖、西金乌兰湖、多尔改错、饮马湖等湖泊，长江源头的北源楚玛尔河也发育于此。可可西里有1000多个湖泊，分布率达7.5%，是中国湖泊最密集的区域。看得见的湖水、河水与冻土下看不见的水都是潜伏在车轮下的危机，冬季巡山从结冰的河面或湖面穿过是最快捷的路径，但日照充分、温差极大的青藏高原，不存在百分之百的封冻，一天中就能经历夜晚结冰、日间解冻的双重奏。这回我们遇到的拦路虎就是河。

挡在我们面前的河叫“一道河”，河道的三分之一已消融，我们沿河慢慢寻找可通过之处。有一处冰封得最结实、最宽阔的河床，看起来是过河唯一的机会，所有人都下车跟着多杰去实地勘察。我一脚踩上冰面，没想到整个脚面陷了进去，原来河岸处的冰面结了层霜花，又厚又松软。晶莹的冰霜在阳光的反射下格外刺眼，才走一会眼睛就感觉不适了。越往河中心走，断断续续的裂缝越多。我们考虑再三，决定放弃，现在过河应该没太大问题，但开到库赛湖还要2个小时，再加上2个小时的返回时间，谁也不敢保证待晒足4小时的阳光后，此刻结实的冰面会不会解冻成哗哗流水。

大概是为弥补我们的遗憾，多杰提出带我们去无需过河的新生湖看看。新生湖湖如其名，在湖泊星罗棋布的可可西里，数它最年轻。2011年9月14日，受连续强降雨天气影响，卓乃湖东面决口，溃决的湖水一夜之间冲出去三分之一，湖水先是大量涌入库赛湖，接着库赛湖又发生外溢，与东边的海丁诺尔湖连成一条相通的河道，并在东南方向形成了面积约200平方公里的新生湖。这是高原内流区湖水有观测记录以来的第一次溃决，专家们经过分析，认为与全球气候变暖有很大关联。

根据气候监测数据，近50年来可可西里年平均气温升高了0.32℃。而作为藏羚羊最重要的产羔地，这次溃决一度令人们为藏羚羊担忧。好在根据卓乃湖保护站和可可西里管理处的统计显示，卓乃湖溃决后，来产羔的藏羚羊并没有明显减少。管理局的工作人员告诉我们，卓乃湖溃决是一个警示，生态危机始终是隐患。新生湖已经距离公路、铁路很近了，光缆、输油管线等都在附近，索南达杰保护站旁边的河道又是周边最低的低洼处，若再发生重大溃决，对这些重大工程造成破坏，后果将非常严重。

告别

我们朝着109国道方向返程，或许是累积了一程的经验，李师傅不再把车开得惊心动魄，看起来得心应手多了。野生动物们也都出动了，狂奔的藏野驴、埋头吃个没完的雄性藏羚羊、翱翔的大鵟、大秀蜜桃臀的藏原羚……仿佛在集体欢送我们离开它们的领地。

我终于近距离看清楚了一头狼。在我们停车之前，它表现得很淡定，摄影师下车朝它走去，它立马起身背对我们奔跑起来，一个在后面追得气喘吁吁，一个在前面边跑边不时回头，是警惕也像挑衅。李师傅看得很满足，他天天念叨“出现头狼吧”，终于在最后一刻如愿。这位在玉树出生长大的河北人，他的精神世界早已植入了本地人的“信仰”——藏族人相信出门遇见狼会有好运。

是该告别了，让野生动物们在不受人类影响的景况下尽情撒欢吧。2亿多年前的地质运动，让这里退海成陆，此后的喜马拉雅造山运动又急骤隆升出“世界屋脊”，沧海桑田间，这片土地从亚热带转变为寒带气候，只有生命力最顽强的物种才能在如此巨变中生存下来。如今，作为中国面积最大、平均海拔最高的世界自然遗产地，可可西里完整保存了高寒草原、高寒草甸、

/ 大秀蜜桃臀的藏原羚 / 视觉中国 提供

高寒荒漠和高原湿地生态系统，记录有国家一级保护动物7种，国家二级保护动物17种，有蹄类动物种群密度之大、数量之多，以及珍稀物种比例之高，是别处不能比拟的。

在可可西里的北入口，也就是109国道的昆仑山口，有一座索南达杰纪念

/ 藏羚羊 / 视觉中国 提供

碑，以及有藏羚羊相伴的索南达杰雕像。我们向烈士献上哈达，在这里告别可可西里，也告慰烈士：可可西里已重归平静，藏羚羊终于得到了保护，护送藏羚羊迁徙的任务将会一直传承下去。

可可西里的『牧羊人』

人物专访 秋培扎西，卓乃湖保护站站长

接近5月底，第一批越过青藏公路的藏羚羊快走到卓乃湖了，再过2天，秋培扎西也要出发了，去卓乃湖保护站全程守护藏羚羊产羔是他一年一度的工作。我们在格尔木约秋培扎西见面时，他正在为出发做准备。

秋培扎西是英雄的后代，他的舅舅是索南达杰，他的父亲扎巴多杰也为保护藏羚羊付出了生命。秋培扎西13岁就开始巡山，经历过可可西里的“杀戮时代”，曾与偷猎者正面交锋。“20世纪90年代末，我刚开始巡山时，藏羚羊盗猎还很严重。盗猎者白天踩点，晚上几辆车围堵，开着车灯打。藏羚羊有个致命的弱点，它们不会往暗处跑，跑来跑去都在车灯照射范围内，盗猎者扫射过去，一扫就是一大片，那不叫猎杀，那是屠杀。他们猎杀完就现场剥皮，最残忍的一幕是，母羊已经被打死了，刚出生的小羊还扑在被剥了皮的母羊尸体上找奶喝。”如今聊起往事，盗猎者的凶残依然让他意难平。

区别于沿青藏公路铺设的4个保护站，卓乃湖保护站地处三江源国家公园的核心区，就设在过去杀戮藏羚羊最严重的地方，它的功能很单一，就是保护藏羚羊。如今，可可西里已经十多年没再响起过枪声，但保护站延续了下来——作为藏羚羊保护一线的补给点和救援点，并增加了一部分科考、地调功能。作为卓乃湖保护站的站长，也是仅有的两个工作人员之一，秋培扎西笑称现在的自己就是放羊的：“营业时间”由藏羚羊决定，藏羚羊抵达日，是他

和保护站的“开工日”，藏羚羊离开时，他们也同步撤离。

“冬天的卓乃湖几乎看不到任何动物，但一到藏羚羊产羔季，小到麻雀、高原鼠兔，大到棕熊、狼、苍鹰（国家二级保护动物），都出现了。我们有一次在卓乃湖南边的山上看到20多头棕熊，棕熊是有固定领地的动物，若非这里有吃不尽的羊肉大餐，不可能聚集这么多棕熊。可以说，藏羚羊迁徙时，它的天敌也全都跟着在迁徙。”秋培扎西向我们描述，“在卓乃湖的生物链中，狼位处食物链顶端，因为藏羚羊的奔跑速度最快可达每小时70～110公里，只有狼能追上它们。狼袭击羊，只喝血不吃肉，留下的藏羚羊尸体就成了天上飞的、地上跑的、草丛里蹦的其他各种动物的饕餮盛宴。”

在丛林法则面前，秋培扎西和管护员秉承尊重自然法则的态度，不去干预，只有遇到那些母羊被天敌杀害，眼看着刚出生的幼崽没奶喝，或是天生残疾被遗弃的，才会出手相救。他们发现藏羚羊只给自己的孩子喂奶，而不肯做其他孤儿的“奶妈”，所以一旦母羊死了，等待小羊的只有一种结果。为了给救下的小羊羔寻找奶源，他们试过各种牛奶，但藏羚羊竟然还挺挑嘴，牛奶温度太高、太低或浓度不佳都可能让它们产生不良反应，秋培扎西在一次次试错中终于摸索出了适合小藏羚羊的牛奶配方。看着眼前这位硬朗的藏族汉子，想象其在卓乃湖畔给藏羚羊做“奶爸”的画面，我想，这正是30多年来藏羚羊保护的缩影。

早年间，太阳湖、豹子峡也是藏羚羊的集中产崽地，但据秋培扎西观察，自从卓乃湖设了保护站后，去太阳湖、豹子峡产羔的藏羚羊越来越少，“羊大概也有灵性，知道这里有人保护它们，所以全跑卓乃湖来了。”

藏羚羊为何会在身怀六甲时进行长距离迁徙，而且总会在卓乃湖的湖冰消融时准时抵达，迄今仍是生物界的未解谜题。这或许是动物在进化过程中为了适应环境而产生的本能行为，进而一代代相传形成的集体记忆。对此，秋培扎西有自己的朴素理解：“藏羚羊最早生活在海拔3000多米处，在甘肃甘南的州府合作市都有藏羚羊繁衍生息的印迹，但它们现在的活动区域已高于海拔4000多米，基本上集中在青藏高原，无疑是人类的繁衍和领域的扩张导致了它们栖息地的减少。其实不管是凶猛的还是温顺的野生动物，对人类都有一个安全距离，藏羚羊也一样，它们千里迢迢来可可西里产崽，可能这里就是能给它们安全感的地方，所以我们现在保护藏羚羊，不能过度干扰它们，不能因人类的介入而破坏了他们千万年来形成的自然规律。”

三江源国家公园严格规划了核心保护区和一般控制区。109国道以西部分，也就是可可西里全境属于核心保育区，是严格禁止游客进入的，但每年仍有人私自穿越可可西里，由于没有出台明确的惩罚制度，只能靠各个保护站的管护员每次巡山时劝返。对此，秋培扎西表示很无奈，“可可西里有其独特的地理构造，它的生态非常脆弱，一旦被破坏，可能几百年都恢复不了。无论人类还是野生动物，在自然面前都非常渺小，不要妄想去征服自然。既然可可西里原来就是无人区，我们还是应该还其一片净土。”

秋培扎西回忆，20世纪80年代末至90年代初是可可西里生态破坏最严重的时候，“当时如果没有索书记的身先士卒，藏羚羊可能已经灭绝了。藏羚羊从数十万只一度降到不足2万只，如今又上升到超过7万只。但实际上，青藏高原的承载量可以达到百万只。藏羚羊危机是可可西里向世界传递的一个信号：修复我们赖以生存的土地已经迫在眉睫，我们必须要完善整个生态保护机制。”

舅舅和父亲去世前，秋培扎西和他的哥哥都在西宁读书，后来两兄弟义无反顾返回了家乡。“说不上是传承，但身为他们的亲人，在那个时候，我们有义务沿着这个足迹，把保护藏羚羊的事业再往前推进一步。”但在谈及自己孩子的未来时，秋培扎西认为一代人有一代人的坚守，如今藏羚羊已经脱危，孩子们不必再局限于此，他希望他们可以拥有更广阔的发展空间。

对于接下来要待两三个月的卓乃湖保护站，秋培扎西形容其与世隔绝，“只有一间简陋的活动板房，没有手机信号、没有网络，虽然配备了卫星电话，但若非紧急状况，是不舍得打的，所有物资都靠自己带进去。”除了陪伴藏羚羊，大多数时候很枯燥，但2024年保护站会接入5G网络，这让他有点期待，“最起码可以和家里人联络一下！”

荒野寻踪：追寻索南达杰的足迹

专题 何望若

/藏羚羊幼崽/视觉中国 提供

20世纪90年代，一条用藏羚羊底绒织成的沙图什披肩，在国际市场上的售价高达5000～20,000美元，是中东和欧美贵妇竞相追逐的奢侈品。一条2米×1米的披肩大约需要用3只成年藏羚羊的绒，藏羚羊没有办法家养，获取羊绒的唯一途径就是非法盗猎。全世界约有40%的藏羚羊生活在青藏高原，主要分布在西藏羌塘、新疆阿尔金山和青海三江源，但在每年5月至7月，分散在各处的藏羚羊都会前往可可西里的太阳湖、卓乃湖、豹子峡产羔。4.5万平方公里的可可西里没有常住居民，三江源的牧民也不允许进入可可西里，它被认为是世界上受人类影响最小的区域之一。在暴利的驱使下，盗猎者进入这片无人区，大肆猎杀藏羚羊，一场空前的劫难降临至可可西里，短短十余年间，藏羚羊的数量从数十万只锐减至2万只，差点遭受灭顶之灾。

最先发现这一危机的是一位县委书记。1992年，治多县成立西部工作委员会，由县委副书记杰桑·索南达杰担任西部工委书记。西部工委成立的初衷是开发西部，勘探可可西里的矿产资源，并阻止日益猖獗的淘金——20世纪80年代，可可西里发现金矿的消息不胫而走，数万淘金者蜂拥而入，疯狂采挖导致地表植被严重破坏。

但索南达杰深入调查后发现，非法盗猎藏羚羊现象比采金更严重。盗猎者与采金者基本上是同一批人，他们一般在春天大地解冻前进入可可西里，直到秋冬大地再度封冻后才出来，带进去的食物有限，就靠猎杀野生动物为食。随着藏羚羊绒制品在国际黑市的价格持续走高，他们发现每天用来果腹的藏羚羊竟如此值钱——据卓乃湖保护站站长秋培扎西回忆，20世纪90年代末，一张藏羚羊皮子可卖到900元。于是他们购买武器，罪恶之手转而伸向藏羚羊。藏羚羊的奔跑时速最高可达每小时70～110公里，并可连续奔跑20～30公里，但这个速度拼不过子弹出膛的速度，这个耐力在汽车面前也不值一提。那段岁月，可可西里成了硝烟弥漫的法外之地。

从此，索南达杰全力投入反盗猎行动中，治多县西部工委也成为全国第一支武装反盗猎队。接下来的2年间，索南达杰12次进入可可西里，共抓获8个盗猎团伙。1994年1月18日，索南达杰和3名巡山队员在可可西里泉水河附近，抓获20名盗猎分子，缴获7辆汽车和1800多张藏羚羊皮。因盗猎者中有2人受伤，索南达杰就让其他队员先押送伤者去格尔木治疗，自己则押送其余盗猎者。但在他们行至太阳湖附近时，盗猎者反扑，索南达杰只身与18名不法分子作战，最后身中数枪牺牲，当日-40℃的低温将索南达杰凝固成了一尊冰雕，至死保持着射击姿势。

索南达杰用生命吹响了守护可可西里的号角，在全国范围内引发了保护藏羚羊的蝴蝶效应。首先是索南达杰的妹夫，原本在州人大工作的扎巴多杰，回到治多县，接过了保护藏羚羊的大旗，成为第二任西部工委书记。几年间，他带领队员，沿着索南达杰的足迹，在可可西里与盗猎分子展开殊死搏斗。盗猎者带着赌命的心态前来，他们回以誓死守护的态度。扎巴多杰的两个儿子，也就是索南达杰的外甥，一个在西宁学财会，一个在西宁学法律，他们本来有机会过另一种人生，但他们选择回到家乡，继承父辈的事业，成为新一代可可西里巡护员。

一位漂流长江的勇士，得知索南达杰生前希望能在可可西里边缘建立一个自然保护站，作为反偷猎的前沿阵地。为了完成英雄的遗愿，他将自己的经历写成书，用义卖所得建站，终于在1997年9月10日，青藏公路的2952公里处，在全国各地志愿者的努力下，一栋80平方米的轻钢结构活动房拔地而起，为了纪念索南达杰、传承索南达杰的精神，起名为索南达杰自然保护站。这是中国第一个民间自然保护站，这位勇士就是“绿色江河”的创始人杨欣。

/ 索南达杰雕像 / 黄侃淳 摄

寒梅是索南达杰的小学同学，年少时由政府资助完成了医学专业的学业。索南达杰初进可可西里时，她甚至不知道可可西里是人名还是地名，索南达杰牺牲后，她放弃去北京等大城市发展的机会，回到了家乡。除了是一名医术高明的医生，她也积极投身志愿活动，为进入三江源的科考队、环保组织做医疗保障工作和藏汉翻译。寒梅如今已74岁，依然奔走在高原。

导演陆川以索南达杰的故事为原型，拍摄了《可可西里》，在信息传播稍显滞后的21世纪初，大多数人是通过这部影片才了解这片土地上发生的故事，并由此萌生了生态保护意识。早在1988年，国家就颁布了《中华人民共和国野生动物保护法》，国务院将藏羚羊列为国家一级保护动物，严禁非法猎捕。索南达杰的牺牲，进一步推动了国家对猎杀藏羚羊的处罚力度的加重和在可可西里建立自然保护区的进程。1996年，可可西里被正式列为省级自然保护区，次年晋升为国家级自然保护区。据统计，1991年至1999年，青海省共查处藏羚羊盗猎案件114起，收缴藏羚羊皮1.5万多张，估算至少有3.5万头藏羚羊死于盗猎。为了不给盗猎者钻空子，所有缴获的藏羚羊皮全部销毁，杜绝进入流通领域。

1999年11月，在《濒危野生动植物种国际贸易公约》秘书处和中国濒危物种进出口管理办公室的共同倡议下，中国、法国、意大利、英国、美国、印度、尼泊尔7

个国家在西宁召开藏羚羊保护及贸易控制国际研讨会，开启国际间合作，打击盗猎藏羚羊。在各方的共同努力下，进入21世纪后，可可西里的藏羚羊盗猎得到有效遏制，2009年以后，区域内再无盗猎案件发生。2016年9月，世界自然保护联盟（IUCN）将藏羚羊从濒危物种调整为近危物种。2017年7月7日，可可西里被列入《世界遗产名录》。

时至今日，索南达杰仍是这片土地上的精神指引，他的纪念碑和雕像屹立在109国道的昆仑山口，守卫着可可西里的北大门，一代代的巡山队员和志愿者循着他的意志，投身于保护藏羚羊和可可西里、长江源生态的行列中。

长江，从各拉丹冬雪峰下的一滴冰川融水，汇聚成一条蜿蜒6380公里的世界大河，哺育了沿线5亿多人口。它从青藏高原发源，带着一身高洁，却因人类的到来，被狠狠透支，承受着生态之殇。20多年前，“绿色江河”扎根于长江源头，以保护源头自然生态为己任，通过“点滴汇江河”的努力，保

/ 各拉丹冬峰 / 视觉中国 提供

护野生动物、治理环境污染。如今，环保的种子已生根发芽、开枝散叶，每一个经过青藏公路的旅行者都可以成为“带走一袋垃圾”的绿色使者。长江的源头，除了是名副其实的地理高地，也是我们心中的精神高地，只有还源头净土，江河才能万古。

从长江尾到长江源

唐古拉山镇是我们此行的终点，我更喜欢它以前的名字：沱沱河沿。它更有地理标志性：沱沱河是孕育长江的源头，小镇依沱沱河而建，是长江源头的第一个小镇。过去当地流传着一句谚语："上了昆仑山，进了鬼门关；到了五道梁，不认爹和娘；到了沱沱河，不知死和活。"足见条件之艰苦，唐古拉山镇海拔4550米，我们的司机一路都担心我们会"高反"，但经过半个月以来在玉树四五千米海拔上上下下的"拉练"后，这里已奈何不了我们。

镇小得一眼可望到头，对比20年前的老照片，只是沿街餐馆更密集了些，小镇的高度和规模并无多少变化。21世纪初，在保护水源地生态的感召下，共计128户407位牧民集体搬迁至格尔木的移民村，土生土长的居民如今已不多，镇上最醒目的建筑是加油站——为沿线货运司机提供补给显然是它如今最大的功能之一。

到长江的起点来，于我这个家住长江尾的人而言，是很感性的愿望。我的家乡位于长江下游，靠近入海口，是著名的河豚洄游点，我是吃着江鲜长大的孩子。因为野生的河豚有剧毒，以前烧河豚的厨师需持专业证书，舅舅

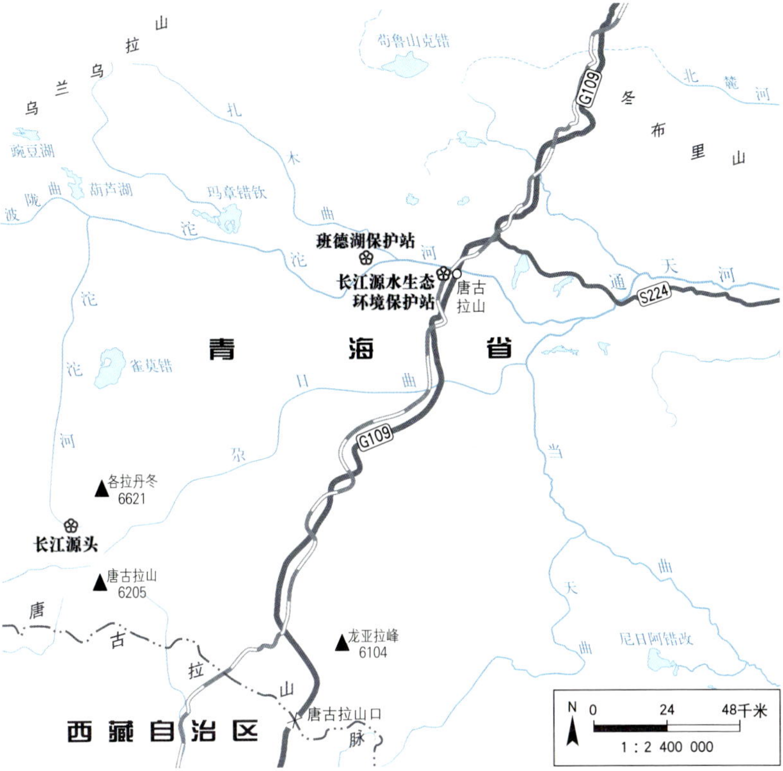

/ 长江源水生态环境保护站 /

是城里为数不多持证上岗的厨师，尽管如此，每次下口前总需要些“拼死吃河豚”的勇气。几年前贵比黄金的刀鱼，在我小时候并非什么稀罕物，只是那细又密的鱼刺颇考验舌头的敏感度，让我又爱又怕。封印在我味觉深处的鲜是江里的大闸蟹，我一直觉得，如果长江大闸蟹没有消失，大概率能把阳澄湖大闸蟹拉下神坛。但这些记忆里的长江美味，终在人类无节制的索取中枯竭，我已多年没尝到江中物产，长江也进入了十年禁渔期。去年回老家，我沿着长江走了一整天，江水肉眼可见变干净了，日落时我坐在渡轮上，晚

/ 岷江夕照 / 视觉中国 提供

霞裹挟着江水光芒万丈地奔来眼底，我在心底逆流而上地默默追溯这些年走过的长江和各条支流，赣江、湘江、嘉陵江、岷江、雅砻江、金沙江……小时候困扰我的一个问题再次涌上心头：长江在成为一条奔腾的大河之前，是什么样的？

最早关于长江源头的文字出现在《尚书 · 禹贡》中，书中提出了“岷山导江”之说。明代，中国第一代背包客徐霞客先生在云南考察后，提出长江源流应为金沙江。清朝，康熙帝派使臣溯金沙江而上寻源，使臣追溯至玉树后，面对蛛网般的水系，无从梳理，便以“江源如帚，分散甚阔”含糊上奏了之。

自先秦以来的2400多年中，古人每次寻源都向源头更推进了一步，但始终无法得出定论，沱沱河、尕尔曲、当曲、布曲、楚玛尔河都参与过“竞标”，尤以沱沱河与当曲间的竞争最为白热化。沱沱河发源于唐古拉山脉的主峰格拉丹东，海拔6621米，它周围有20多座海拔6000米以上的雪峰，在山峰与山峰的褶皱间，孕育了无数条现代大陆性冰川，包括姜根迪如冰川，正是这条冰川末端融化的潺潺滴水孕育了沱沱河。当曲发源于唐古拉山东麓的沼泽，由地下水汇集而成，又一路接纳了布曲、尕尔曲，在水量上占有明显优势。

1976年和1978年，长江流域规划办公室组织了2次科学考察，1986年，长江科学考察漂流探险队又进行了一次实地丈量，长江源头之争终于尘埃落定，确定由正源沱沱河、南源当曲、北源楚玛尔河组成。滚滚长江东逝水的流序是这样的：沱沱河与当曲在唐古拉山镇与索加乡交界的囊极巴陇汇合后称通天河，进而在七渡口与楚玛尔河汇合，至巴塘河口流出玉树州，在横断山区改称金沙江，再经云南入重庆，之后正式启用“长江”的名字，直至上海崇明岛注入东海，总长6380公里，流经11个省和直辖市，是亚洲第一大河、世界第三大河。

此刻我站在唐古拉山镇北的沱沱河边，眼前的沱沱河流量很小，有一半还冻得结结实实，并且裹满了泥沙，与缺少植被的土地融为一色，以至于我们的车来回经过两次，我竟没有发现它。从镇北向西走几百米，有一座长江源环保纪念碑，立于1999年6月5日的世界环境日，纪念碑设计成金字塔状，寓意源头的雪山冰川，碑上的“长江源”三个字由时任国家主席江泽民亲笔题写。

但这个“长江源”并不代表长江的源头，这里距离长江的“0公里”还有278公里。不同于黄河与澜沧江的源头，藏在荒原深处的长江源头——姜根迪如冰川，并不向普通人开放，每年仅有极个别科考队能获得进入的批文。虽然有点失落，但从另一个角度想，减少源头的人为干扰，也是对“中华水塔”和“地球之肾”的必要保护。

我看过一些去各拉丹冬考察的故事，前行之路十分难走，全程要穿越沼泽、蹚过若干河流，陷车、拖车、因天气原因受阻都是家常便饭。而我们的越野车前几天才在叫天天不应的地方出过故障，我想车子若有想法，应该会庆幸逃过一劫。

纪念碑背后不远就是青藏铁路，一辆货运列车正从格尔木驶来，顺着它的行驶方向望去，越过由官兵驻守的长江源头第一哨，就是横跨在沱沱河上的长江第一铁路桥。大桥全长1389.6米，共42个桥孔，那是夏季沱沱河应有的宽度，眼下大部分桥孔下是干涸的。

这里的火车站名为沱沱河站，12306上搜不到这个站点，每天西宁与拉萨对开的14趟列车中仅有2趟列车会在此站下客，掌握这个密匙的乘客，除了当地牧民、铁路员工，就是来长江源水生态环境保护站报到的志愿者。从2012年保护站建成起，平均每10天，就会有3名志愿者在此下车。

/ 长江第一桥 / 黄侃淳 摄

长江源头的环保卫士

高原的天气说变就变，方才还晴空万里，随着几片乌云迅速聚拢，瞬间便大风起兮，很快又演变成沙尘暴，狂风席卷着沙粒从四面八方袭来，对我们这几个弱小无助的人类发动简单粗暴的物理攻击。狂风抽打着脸颊，寒气直往脖子里钻，双腿不由自主地被风带着跑。就这样，在风的指引下，我们走进了长江源水生态环境保护站。

保护站由杨欣创立的“绿色江河”运营。杨欣是与长江有着过命交情的人，1986年他加入长江科学考察漂流探险队，多次在滔天巨浪中死里逃生，最终完成中国人首漂长江全程的壮举。1997年，他将自己3次漂流长江的经历写成《长江魂》，靠义卖所得筹建了中国第一个民间自然保护站——索南达杰保护站，成为可可西里反盗猎的前沿基地。2001年青藏铁路开工时，杨欣带领志愿者在铁路沿线调查藏羚羊种群数量和迁徙路径，3年间获得1400多组数据，基本掌握藏羚羊的迁徙规律，向有关部门提出青藏铁路营地选址和分段施工建议，最终大部分建议被采纳。2004年，“绿色江河”组织志愿者在青藏公路藏羚羊通过路段，架设临时红绿灯，拦停车辆，为藏羚羊清理路障，当年护送了2000多只藏羚羊越过青藏铁路和青藏公路，此后，这成为

/ 长江源碑 / 黄侃淳 摄

每年藏羚羊迁徙季约定俗成的惯例，延续至今。

后来随着可可西里国家级自然保护区成立、藏羚羊盗猎得到有效遏制，索南达杰保护站移交给原可可西里保护区管理局统一管理。但环境问题依然严峻，杨欣在一次次深入长江源头的考察中观察到，源头的景观、生态正在发生巨变：源头人口和牛羊日益增多，导致草场超载进而退化，放牧点不断向源头的更高海拔处迁移，草场退化又导致野生动物急速减少，失去植被保护的土地也迅速沙化。他还发现，长江三条源头都在变小：南源当曲沼泽的地下水逐渐干涸，北源楚玛尔河受可可西里荒漠化影响而缩水，正源沱沱河源头的冰川因气候变暖正快速消融，经过连续6年对各拉丹冬冰川的实地测量和历史照片比对，得出长江源最大冰川40年退缩4000米的结论。与此同时，随着青藏公路客运量的增多，产生了大量生活垃圾，但由于缺少垃圾处理厂，所有垃圾都堆积在沿途各镇的公路旁，漂浮在沱沱河、楚玛尔河面上，进藏“天路”成了一条垃圾带，空气中弥漫着恶臭，场面惨不忍睹。

三江源的生态系统极其敏感而脆弱，源头告急关乎广大中下游地区甚至全球的生态安全。此后，“绿色江河”开始聚焦于长江源头污水调查和垃圾处理，2012年9月，沱沱河畔昔日的一片垃圾场，一栋融合藏式元素、采用节能建筑材料的红房子拔地而起，即长江源水生态环境保护站。之后又沿青藏公路建了6个以垃圾回收为主要功能的绿色驿站，实现“分散收集、长途运输、集中处理”的垃圾收运模式。

长江源水生态环境保护站同时也是6个绿色驿站中的第一个，我们在这里直观地看到了一些环境监测和可持续治理方式。几栋建筑里里外外放置了很多温度计，管理员张锡荣告诉我们，他们会在每天的8:30、14:30、18:30三个时段进行测温，通过持续记录同一地点同一时间的温度变化，获取沱沱河每年气候变化的可靠数据。

空地上有一排经过特别设计的绿色集装箱，里面塞满了一只只绿色的垃圾袋。“垃圾换食品”和“带走一袋垃圾”是保护站最重要的两个项目。这里的志愿者每天的基本工作就是在青藏公路沿途捡拾垃圾，但他们难以深入广阔的牧区，只能呼吁牧民和镇上的常住居民、商家，将日常生活产生的塑料瓶、铁罐、铝罐、玻璃瓶等不可降解垃圾带到保护站，按牧区1角/个、镇上5分/个的价格回收，或兑换洗衣粉类生活用品。垃圾集中回收到保护站后，志愿者再进行分类、压缩、分装成袋，但由于青藏线没有集中处理垃圾的能力，便动员从拉萨回程的自驾车游客和货车司机等，协助带往格尔木驿站集中处理。

站内墙上张贴着未治理前公路沿线垃圾堆积成山的照片，2022年驿站的数据显示：通过“垃圾换食品”收集到近3万个瓶子和罐头，途经车辆“带走一袋垃圾”的数量为2.4万多个瓶子和罐头、261.83公斤纸箱。张锡荣告诉我们：“去年下半年受西藏疫情影响，基本没有游客，往年的数字比这个高得多。”很难想象，这么多垃圾堆积在青藏公路旁会是多么令人惊悚的画面，还会有游客愿意通过这条“天路”进藏吗？藏羚羊迁徙时又该如何穿越这一片片垃圾场？

保护站旁边是“长江1号”邮局，同样由“绿色江河”创办，“1号”代表长江所流经的11个省、市、自治区中的第一站，也是长江源头的第一个定居点，自2016年投入运营以来已走过8个年头。推开邮局的门，淡淡的咖啡香扑面而来，这让我们欣喜不已，距离上一次喝咖啡还是半个月前在玉树时。我们得知，每个“带走一袋垃圾”的游客都可以在这里免费获得一杯咖啡。咖啡座设在一间三面和屋顶透明的玻璃屋内，正对沱沱河，景色极佳，坐在这里喝一杯久违的咖啡，差点让我忘了正身处物资匮乏的109国道。

邮局大厅的墙上有一幅志愿者创作的立体壁画，主题是长江源头各拉丹冬峰，壁画中冰川的凸起部分用废旧报纸制作。壁画前的玻璃柜中陈列着明信片、冰箱贴、手袋、绘本等文创产品，同样有不少是由志愿者设计，我一路都在念叨想买雪豹、藏狐的周边产品，这一次心愿终于得到了满足。

最令我们惊讶的是，邮局还可以收发快递，因为急需寄点东西，我们昨天才打听过，没有一个民营快递公司在唐古拉山镇设点。“我们是和格尔木邮政合作，所有快递都由邮政转运，一周送上来一次。”说话间，有辆货车停在邮局门口，司机熟门熟路地进门来找志愿者取垃圾。“邮政车下去时也会来帮忙带走垃圾。”看来，经过多年宣传，“绿色江河”动员了青藏线上

/ 青藏线火车通过唐古拉山 / 视觉中国 提供

一切能动员的人力和资源，“带走一袋垃圾”已成为常跑这条线的司机们的共识。

我忽然意识到，这个驿站的功能有点接近时下流行的社区咖啡馆：镇上的居民来此取快递、送垃圾，顺便在邮局时髦的玻璃屋内歇歇脚；途经的游客和司机来取走打包好的垃圾，还能顺带犒劳一下“咖啡胃”。

生态保护的星星之火

我最早知道“绿色江河”是在2010年，当时我在一本倡导可持续生活方式的杂志工作，每月都会介绍一些低碳环保类公益项目，那年最令我印象深刻的一个活动来自杨欣的团队。他们在6月5日世界环境日那天于长江源头做了一件大地装置艺术：将192张婴儿床整齐摆放在姜根迪如冰川前，床垫上是190多个联合国成员国的国旗。创意来自艺术家艾松，他也是“绿色江河”的志愿者，借婴儿代表未来，呼吁所有国家共同为减缓气候变暖努力，保护地球的未来。

从那时起，我开始关注“绿色江河”的项目，机缘巧合下我收到一本杨欣签名的《亲历可可西里10年》，那是杨欣和21位志愿者共同写成的。翻看每篇文章的作者介绍，我发现这些志愿者都堪称各个行业的精英：有工程师去为保护站盖房子；有记者因曾前往采访，继而成了志愿者；有大学老师过年放弃阖家团圆，驻守在保护站维护机械设备……后来我又认识了几位志愿者，听他们描述早期的志愿者生活——不能洗澡，连洗脸、刷牙、饮用的水都是限量供应，因为气压低，煮什么都得用高压锅，冬天汽车得用喷灯加热几个小时才发动得了——种种艰苦的生活条件让我深受震撼。我羡慕他们，

/ 冰川融水 / 视觉中国 提供

拥有一段洗涤灵魂的经历，更佩服他们，舍得放弃城市里的体面生活，自掏腰包去自讨苦吃，在高寒缺氧之地将内心锤炼得强悍无比。

如今保护站的条件已经实现三级跳，我们参观了办公室、厨房、宿舍、卫生间、淋浴间等，完全可以对标城市里的工作、生活环境。“就在去年，志愿者才给房子重新粉刷过。”我们也终于享用了一次正儿八经的厕所，这可是109国道上的稀缺货，沿途即便写着“旅游公厕”的也不过是坑位宽敞些的旱厕。志愿者马双双是一名即将毕业的大四学生，带着对青藏高原的向往，做好了吃苦的准备，来了之后发现这里的条件远好于预期。保护站后面有一栋设计前卫的玻璃房，屋后一角放着一张行军床，铺着睡袋，我们的摄影师羡慕不已，“早知道昨晚来这里借宿拍星空了！”

张锡荣向我们介绍，玻璃房是为高原污水处理试点工程准备的，“污水首先会从化粪池进入调解室，流经一系列净化设备，待水质达标后，流入后面的几个池子，里面会种些蔬菜类的水培作物，最后水会流向室外的池塘。”大盆景般的工程还在建，仅凭建筑外观，移到任何一个CBD都不怯场。在处处因陋就简的青藏公路沿线，耗费大量资金做这样一项工程，会不会有点华而不实？我内心是存疑的。张锡荣向我们解释：“虽然唐古拉山镇就靠着沱沱河，但沱沱河水金属含量超标，是不能饮用的。镇上居民的饮用水、生活用水都得从25公里外的开心岭运过来，既不方便也很昂贵。我们希望这个污水循环工程在站内试点成功后，将来能够在整个唐古拉山镇推广。”我想起今早烧的一壶水，又涩又咸，一股难以名状的怪味。杨欣在《长江魂》里也写过沱沱河沿的水喝了会拉肚子，我这才理解了这个污水处理工程的意义。

马双双学的是野生动物保护专业，来这里做志愿者称得上专业对口。但在“绿色江河”20多年的志愿者名单中，简直可以数尽三百六十行，记者、律师、高级工程师、警察、人类学博士、职业经理人、明星……没有行业壁垒，也不管学历、职位高低，来到这里都是青藏线上的“环卫工人”。除了零星几个常驻工作人员，“绿色江河”的所有项目，几乎八成以上的工作都由志愿者撑起。从保护站的设计到施工，都由志愿者一手包办，这些各有所长的志愿者也用自己的专业，帮助“绿色江河”不断完善长江源生态保护方案。

“绿色江河”自2000年正式启动志愿者机制，每月招募3期志愿者，每个志愿者前来服务1个月。“两个人的冬天”是绿色江河在每年11月至次年3月推出的特色志愿机制，因青藏线的冬天几乎没有游客，驿站也会结束户外工作，大部分时间是在驿站内工作，任务较少，加上漫漫冬季比较难熬，所以会优先招募情侣和夫妻，张锡荣笑称：“这是一把双刃剑，既有大把时间可增进感情，也是考验伴侣之间革命感情是否坚定的好机会。”

一个月的志愿工作，除了收获一段宝贵的人生经历和满足一时的精神需求，对长江源的治理真正能起多少作用？杨欣曾经用一个小故事来解释：一个男孩在海边把被潮水冲上岸的鱼丢进海里，别人问他：“大海每天要冲上来很多鱼，你又能丢多少回去呢？”男孩说：“我救一条是一条，至少被我救的这一条可以活下来。”

一个人的努力虽然有限，但当志愿者开枝散叶行动起来，产生的后续效应便不可估量。就个体而言，不少大学生志愿者毕业后选择了与生态环保相关的职业，有人继续深造后，二度回来做志愿者，从事田野调查。有人带来了其他地方的先进模式，也有人将这里的经验复制到别处，开展类似的环保活动。大多数志愿者回到各自家乡，利用工作、社会活动等机会，或是通过演讲、办展、发表文章，借用自己的经历引起共鸣，促使更多人加入志愿者队伍，而他们自己又成为各地招募志愿者的面试官。

星星之火足以造成燎原之势，滔滔长江亦是从冰川末端的第一滴融水起步。每个志愿者就像“绿色江河”播下的一粒种子，离开长江源不是结束，而是新的开始，他们分散到天南海北，带动更多的人关注地球母亲的安危。

从源头守护斑头雁

再过两天，马双双将被派往班德湖继续志愿者工作，那是她为期一个月的志愿者服务中最期待的一站。让每个志愿者在长江源水生态环境保护站、风火山驿和班德湖轮流上岗，是“绿色江河”志愿者机制的惯例。风火山驿是青藏公路沿线6个绿色驿站之一，志愿者的主要工作就是捡拾垃圾和压缩打包。班德湖是斑头雁的主要栖息地，主要工作是监测、保护斑头雁，因远离公路，很容易看到野生动物，除了斑头雁，还有黑颈鹤、渔鸥、棕头鸥、胡兀鹫、野牦牛、藏野驴、藏原羚等。就在前几天，班德湖监测站拍下了狼袭击斑头雁的一幕，狼在暴风雪的掩护下，踩着未融化的冰面上岛，咬死了四五只斑头雁。这样的故事，对野生动物保护专业的马双双来说，有着极大的吸引力。

斑头雁是亚洲特有物种，通体呈灰色，头和颈侧为白色，头顶有两道黑色横斑。每年开春，斑头雁从印度出发，飞越喜马拉雅山脉，抵达青藏高原，在此完成交配繁殖、产卵孵化，秋天再带着小雁原路南飞，回到温暖的南亚次大陆过冬。它们在长江源的停留时间一般为3月底至10月初，正是湖泊、沼泽冰雪消融时。斑头雁被誉为世界上飞得最高的鸟类，它的最高飞

/ 斑头雁 / 视觉中国 提供

行高度接近9000米，高过珠穆朗玛峰，只需8个小时它们就能飞越喜马拉雅山脉。

2011年，长江源水生态环境保护站施工期间，牧民听说这里的人是来保护动物的，就有人找上门来，“你们这里保护大雁吗？我家草场附近的湖里，每年有很多大雁来下蛋，不少刚下的蛋就被镇上的人捡走了，这事儿你

/ 斑头雁 / 视觉中国 提供

们管不管？”牧民口中的大雁就是斑头雁，他家附近的湖就是班德湖，距离保护站50公里，面积4.5平方公里，海拔4600米，湖水流入扎木曲，随后汇入沱沱河，沱沱河距离湖边仅1公里。

“绿色江河”在持续跟踪调查后发现，全球斑头雁种群数量只有10万只，班德湖集中了全球数量的4.5%，是长江源区的主要繁衍地，湖中有两座岛，就是斑头雁繁育下一代的地方。而在每年春季斑头雁的繁殖期，唐古拉山镇上做餐饮的人会去捡拾鸟蛋，以大雁蛋营养好为噱头兜售给游客，吃大雁蛋已经是公开的秘密，每年因此被捡走的鸟蛋超过2000枚。

斑头雁被世界自然保护联盟（IUCN）列为无危动物，它并不鲜见，除了长江源，青海湖、若尔盖草原、拉萨市郊等高原湿地也能看到斑头雁的身影。但若放任捡拾鸟蛋，难保不会重蹈藏羚羊的覆辙。于是，曾经为藏羚羊保驾护航的“绿色江河”，将视线转向斑头雁，于2012年启动“让我飞得更高——斑头雁守护行动”。这一年他们在班德湖扎了几顶帐篷作为营地，志愿者和主动加入的牧民每天在湖周围巡视，阻止捡拾鸟蛋的人进入，全程守护斑头雁孵化，并统计斑头雁和鸟蛋的数量。对于斑头雁捡拾者的说服工作进展很顺利，自藏羚羊危机后，经多年宣传教育，本地人都有一定的野生动物保护意识，加上藏族人天性反对杀生，并认为“黑色的生灵会活千年，白色的生灵会活万年”，而斑头雁是白色的，牧民们尤其敬畏。

“绿色江河”守护斑头雁已经超过10年，根据数据统计，斑头雁从2012年的1172只，上升到了2022年的5963只，10年间增加到5倍。这些年来，监控设备和统计手段也在不断升级中，从最初靠望远镜手动数，到如今可以借助高清摄像头和无人机拍摄，利用计算机软件统计。2018年，“班德湖野生动物观测站”建成，志愿者每年赶在斑头雁飞来前，就在岛上和岸边安装好云台摄像机，人坐在距离湖边10米左右的白色集装箱改造的观测室内，远程遥控摄像头上下左右转动、变焦。

被志愿者亲切唤作“旦哥”的吐旦旦巴，从2011年保护站筹建时就在这里，每年这个时候他都驻守在班德湖畔，全程陪伴斑头雁生孩子。他常将一些有趣的视频分享到社交平台上，介绍斑头雁的生活习性和长江源的野生动物。在他的视频中，我们看到雌雁产卵后几天，会把头插在翅膀下，几乎一刻不离巢，暴风雪也赶不走，只是偶尔起身翻翻腹下的蛋，以确保它们受热均匀。雌雁孵蛋时，雄雁就守在一旁，若有其他雄雁靠近，少不了狠狠打一架，直到将不速之客驱逐出它们的领地。孵化28天后，一身黄毛的小斑头雁便破壳而出，出生第二天，雁爸雁妈就会带着它们下水。

吐旦和志愿者们虽然与斑头雁近在咫尺，但为了不干扰斑头雁，更多时间是待在观测室内，透过几个观测窗和电脑屏幕了解它们的一举一动，偶尔潜伏在岸边观测，也会给自己整上一身保护色。对于自然界的物竞天择，他们不会干涉，例如岛上有两位常住居民——黑颈鹤，和以前那些捡拾鸟蛋的人一个德行，经常来偷抢斑头雁的蛋吃，再如前几天发生的狼袭击雁，面对这些情况他们都会选择坐在观测室内“袖手旁观”。

根据吐旦与志愿者的观测发现，近几年有越来越多的新面孔飞来班德湖栖息，2022年记录到了61种鸟类，仅10月飞来的针尾鸭就有7793只。除了鸟类，藏羚羊、雪豹、藏野驴、野牦牛等动物也不断出现在班德湖周围。如果要问长江源生态保护的成效，我想，青藏公路上消失的垃圾、成倍增长的野生动物种群，就是最直观的答案。

◇◆◆绿色江河社交平台信息

官网：https://www.green-river.org/

微博：绿色江河NGO

微信公众号：绿色江河

/ 沱沱河上的嘛呢石堆 / 视觉中国 提供

离开时，我们也带走了一袋垃圾。开往格尔木的400公里路程，车子颠簸在不平坦的冻土地带上，垃圾袋里的瓶瓶罐罐就一路哐啷哐啷持续“伴奏”，这应该是青藏线上最动听的旋律吧。

守护江源，守护生命

——张锡荣，长江源水生态环境保护站管理员

人物专访

◆请简单介绍一下绿色江河长江源水生态环境保护站吧。

绿色江河长江源水生态环境保护站主要致力于长江源头的环境保护和水资源保护，具体来说，我们日常运营的项目主要有两个，一个是针对牧民和当地人的“垃圾换食品”项目，另一个是针对游客的“带走一袋垃圾”项目。

“垃圾换食品”项目主要是为了解决之前青藏高原，尤其是偏远地区垃圾处理的问题。长江源地区地广人稀，我们保护站的人手有限，就连政府单位的人手也非常有限，不可能深入偏远的牧区去处理垃圾。同时，草场也是牧民的私人领地，我们没办法贸然进入人家的私人领地去捡拾垃圾。因此我们就想到发动当地牧民，让他们自己将垃圾，尤其是可回收垃圾送到我们的环境保护站来处理。我们回收的垃圾主要是铁罐、铝罐、塑料瓶等可回收垃圾，我们给牧民按1毛钱一个的价格回收，唐古拉山镇的商户则按照5分钱一个的价格回收。

刚开始的时候，牧民对于这件事其实也不是很积极，平时一两个罐子大家觉得没多少钱，但当一个冬天下来，有的牧民一家人在冬牧场可以攒几千个瓶子，春天拉到我们这里来，一次性兑换的收入还是比较可观的。大家看到了积少成多的收益，也就慢慢养成了垃圾回收的习惯。

“带走一袋垃圾”项目则主要针对青藏线的自驾游客。我们将志愿者沿国道捡拾的垃圾，从牧民那里回收的垃圾，以及镇上回收的垃圾，简单处理后封装打包，让自

驾的游客带去格尔木的回收站，游客可以获得绿色江河的纪念品作为奖励。我们还有一些大包装的垃圾，主要拜托青藏线的货车司机、部队的卡车或是中国邮政每周一次的邮车帮忙带去格尔木。

◆这些垃圾带到格尔木之后会怎么处理呢?

我们在格尔木的长江源村建立了一个垃圾回收点，我们站点和青藏线沿途绿色江河驿站收集的垃圾，都会被送到那里去统一回收处理。我们会把垃圾回收的费用，用于长江源民族学校的环保宣传活动，这个学校的学生就是当年唐古拉山镇附近牧区响应国家号召，为了建设自然保护区迁出去的孩子们。

◆自驾游的游客是怎么知道你们这个环保项目的呢?

我们在短视频网站、小红书等社交媒体平台做日常推广，一般他们都是从社交媒体平台了解的。

◆绿色江河驿站目前有多少个？运营状况如何?

我们原计划沿青藏公路，从格尔木至拉萨建立18个绿色江河驿站，用于沿途垃圾的回收。目前已经投入运营的有格尔木驿、昆仑泉驿、昆仑山驿、三江源驿、风火山驿、长江源驿这6个驿站，其中格尔木驿和长江源驿维持全年运转，其余4个驿站受高海拔、气候恶劣、补给困难、冬季游客稀少等原因的影响，只在每年夏季运营，2022年的运营时间是4月29日至10月27日，共计182天。由于疫情原因，2022年青藏绿色驿站8月中旬开始接待游客人数锐减，截至2022年，全年所有站点共开展宣传活动4061次，累计宣传人数54,765人，回收塑料瓶、铝罐、铁罐等可回收垃圾逾15万件。

◆除了垃圾回收，绿色江河在长江源水资源保护方面做了哪些工作呢？

绿色江河最早成立于1995年，当时主要致力于可可西里的藏羚羊保护。之后我们建立了可可西里第一个保护站，也是中国民间第一座自然保护站——索南达杰自然保护站。当时索南达杰自然保护站的主要任务是为“野牦牛队”的巡山队员提供后勤保障，但随着国家对于可可西里藏羚羊保护的重视，民间的力量总不如政府的力量强大，所以我们就把索南达杰自然保护站捐给了政府，然后开始关注长江源水资源的保护。

比如几年前，当地政府曾想在烟瘴挂建立水电站，当地牧民就主动找到我们，告诉我们水电站的建立对生活在烟瘴挂的野生动物来说可能是个灭顶之灾。后来我们通过深入调研，同时也请到了中科院的专家跟我们一起做烟瘴挂大峡谷的生物多样性调查，最后发现烟瘴挂内野生动物资源极其丰富——光雪豹就有50多只，对当地生态有着不可替代性。此外，因为这个地区附近都是牧区，人烟稀少，水电站的经济价值非常有限。我们把相关情况汇总成报告，上报给青海省发改委后，发改委非常重视，最后表示今后都不会在烟瘴挂建水电站了。

◆除了长江源水生态环境保护站，绿色江河在班德湖还有一个生态观测站，能介绍一下这个班德湖生态观测站的情况吗？

班德湖距离唐古拉山镇大约50公里，每年3月中下旬到10月中下旬，数以千计的斑头雁都会从印度、尼泊尔飞来班德湖产卵。从2012年开始，我们就致力于斑头雁的保护。当时青藏线上的很多饭馆都会在夏季去掏斑头雁的鸟蛋，对游客宣称这是大鹅蛋，吃了有益健康。当地牧民就找到我们，希望我们能够阻止这种大规模掏鸟蛋的行为。后来通过我们的保护和宣传，这两年大家的环保意识也增强了很多，就再也没有饭店售卖"大鹅蛋"了。据我们观察，最近几年班德湖的斑头雁数量翻了足有许多倍，每年大约有7000多只斑头雁生活在班德湖。

◆这7000多只的数量是怎么得来的？靠人数吗？

班德湖观测站刚建立的时候，那时候斑头雁还不算多，我们就是靠望远镜观测和人工计数的方式来统计斑头雁的数量。这两年斑头雁越来越多了，这个办法可能不可行。之后我们是通过高清摄像头24小时观测斑头雁，并通过软件计数。现在我们是通过无人机拍摄，合成一张大的照片，然后用专门的软件来数斑头雁的数量。

◆之前在网上看到棕熊袭击班德湖观测站的视频，这是真的吗？

是真的。那是发生在2022年6月27日，我们班德湖营地其实是个大的集装箱房子，垃圾是统一堆放到营地外的垃圾桶的，那天营地的生活垃圾就把棕熊给吸引来了。可能我们的工作人员太累了，在营地外转了一个多小时也没发现其实棕熊就在他附近，直到看到被棕熊拍碎的玻璃才发现有棕熊入侵，好在没有造成人员伤亡。

◆这种类似的情况经常发生吗？

班德湖这个地方位置比较偏僻，碰到棕熊或者狼的情况还是时有发生的，所以我们一般要求保护站的工作人员晚上尽量不要出门上厕所，尽量待在屋子里。

◆我们看到长江源水生态环境保护站边上还有一个长江源邮局，这个也是绿色江河的吗？

是的，我们绿色江河推行以“两纵一横一站一平台”为战略规划的环境保护项目和活动。其中“两纵”是指青藏线和去年刚启动的川藏线绿色驿站项目。“一横”是以长江干流为横轴，通过长江主题邮局、长江自然生态环保课连接整条6380公里的长江，搭建一个认识长江、热爱长江、保护长江的互动平台。我们计划沿着长江途经的11个省、市、自治区，建立11个长江主题邮局。目前已经建立的就是我们长江源头的1号邮局，和位于长江入海口——上海吴淞炮台湾国家湿地公园的11号邮局。

这两个邮局在定位上各有侧重，上海的11号邮局更多的是负责环境保护和自然科学宣传，而我们这里的1号邮局也是唐古拉山镇唯一的邮局和快递收发点，更多的是负责唐古拉山镇的邮政、快递收发，更专注于邮局本身的职能。当然同时也是对游客宣传环保和“带走一袋垃圾”项目的窗口。

◆能介绍一下长江源水生态环境保护站，以及主题邮局的日常运营工作都有哪些吗？

我们这里一共就3个常驻员工，负责站里的日常运营管理，剩下的都是靠志愿者来维持日常运营的。一般每月的10日、20日、30日，我们都会各安排3名志愿者来提供服务，每个志愿者至少需要待够1个月，也就是说一般整个站里会有9个志愿者。

我们在夏季一般是8点用早餐，在此之前当天轮到负责做饭的2个志愿者就需要提前起床替大家把早饭做好。上午的工作一般是保护站附近的垃圾捡拾、唐古拉山镇和青藏线沿线的垃圾捡拾和调查，一级保护站内外气温的记录等。然后12点用午餐，午餐后除了排到当日邮局值班的人员，其他人可以午休到下午2点半。之后是下午的唐古拉山镇和青藏线沿线的垃圾捡拾、调查和一些打扫卫生的工作。晚上6点吃晚饭，7点开会总结一天的工作，之后就是志愿者们自己的自由时间。

◆怎样才能成为志愿者呢?

在我们的官方网站和公众号“绿色江河”上都有志愿者报名的链接，志愿者要求年满18周岁，身体健康，能够适应高海拔的生活环境，且能保证至少一个月的服务时间。上高原前需要提供体检证明。因为志愿者还需要承担保护站的做饭工作，所以会做饭且做饭好吃的志愿者会得到额外的加分。不过我们也不会只让擅长做饭的志愿者负责做饭，所有的工作岗位都会让志愿者们轮到，然后根据各自的特长有侧重性地安排工作。

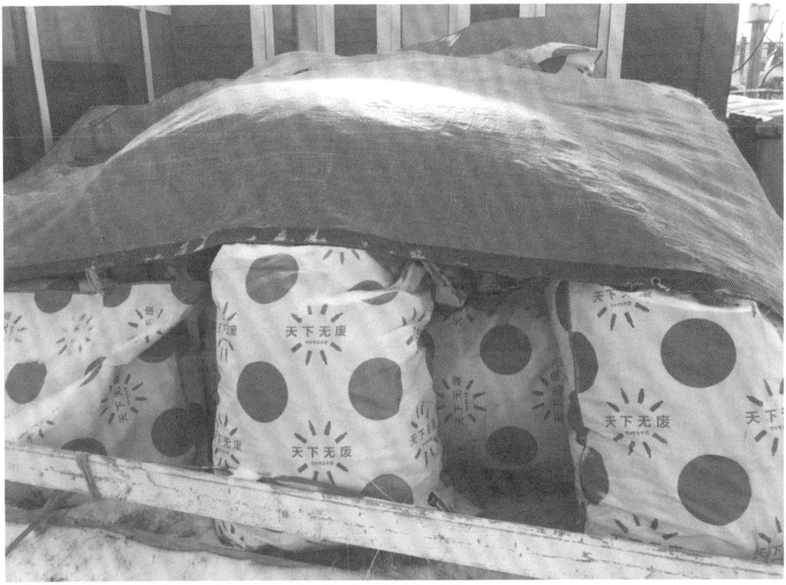

/ 上：分类整理好的垃圾 / 戴舒 摄　　　/ 下：堆放好的垃圾 / 戴舒 摄

◆我们注意到，绿色江河官网上的5年规划，从之前的“一纵一横”变成了“两纵一横”，为什么有这样的变化？

多年来，绿色江河一直坚持用行动、数据、宣传来影响更多人，提升公众的环保意识。我们的青藏线沿线的绿色江河驿站在环保宣传和垃圾回收方面都取得了不错的成绩后，四川省甘孜藏族自治州政府想让我们把青海的经验带到318国道去，帮助解决318国道沿线的垃圾问题。所以我们就从“一纵”变成了“两纵”。在此过程中，我们在318的项目中也有不少收获，对绿色江河今后的运营方式很有启发。我们通过多年的实践，发现仅仅通过环保宣传来“感化”大众，这个效果会比较慢，于是我们提出了新的口号：免费不免责，环境保护人人有责！在青藏和川藏沿线，我们和当地政府合作建立一定数量的停车场、观景台和厕所，免费提供给自驾的游客。这些设施虽然不收费，但你要使用这些设施却需要用可回收垃圾来换。最典型的就是我们的“绿币厕所”，在回收的机器上投入易拉罐、饮料瓶就可以获得一枚“绿币”，然后就可以用这个“绿币”使用有专人维护的相对更干净的厕所了。这就把“环境保护，人人有责”这句口号，从墙上的标语，落实到每个人的行动中，让环保的理念更加直观地深入人心，让人们养成垃圾分类的习惯。

◆近30年来，绿色江河始终致力于中国的环境保护事业，有没有什么经验可以分享给大家？

这么多年来，绿色江河摸索出了一套适应中国的社会环保组织运营模式。首先，我们非常注重“人”。环境保护离不开环保人，环保人需要有信念，需要有精神，但也需要有好的制度来帮助他们维持信念和精神，我们建立了一套比较切实可行的运营模式去落实这一点。人总是会被长期的工作消磨掉激情、理想和信念，环保工作者同样如此，甚至可能因为我们面临的困难更大，所以更容易因为一些事情消磨掉大家的初心。所以我们探索出了一套志愿者和固定职员相结合的运营模式。职员可以用他们的经验教会志愿者如何做环保，而志愿者往往是最有激情的，来到陌生的环境，面临全新的挑战，他们会迸发出比职员更多的激情，这种激情又可以反过来激励我们，让我们更有信心坚持环保事业。同时，一些有志于从事环保事业的志愿者，最终也成为我们的职员。

其次，我们坚持环保需要和科研相结合。有科学手段、科研人员的参与，环保才能持久。科学家们完成科研任务的同时，也证明了环保的意义和成果。以班德湖保护站为例，这个保护站的设备非常先进，《中国国家地理》和中科院的专家们都称赞我们的班德湖保护站是“青藏高原先进的保护站”，但其实这个保护站的设备都是企业赞助的。就是因为我们的科研人员在班德湖获得了非常重要的科研成果，所以企业觉得赞助这个事情有意义，也就愿意加大援助力度，而因为企业提供了最新的设备，我们的科研人员也就可以获得更多、更详细的科研数据，从而建立起一个非常好的良性循环。同时，通过班德湖的项目，更多人知道了绿色江河，也愿意给绿色江河提供帮助。

最后，要注重传播。三江源国家公园的建立对绿色江河来说是非常大的帮助，很多人听说了三江源，知道了三江源，但他们可能没办法来三江源。我们通过互联网，用图片和视频的方式把三江源的魅力展现给更多人，尤其是大家都喜欢的野生动物，让更多人看到、了解三江源，知道绿色江河从事的环保事业，从而影响更多的人，把环保的理念根植到更多人的心里。

◆三江源国家公园的建立，是否给绿色江河组织带来积极的影响？

三江源国家公园的建立对我们来说太有帮助了！三江源和绿色江河始终是互相扶持的关系。20世纪90年代初，绿色江河刚成立的时候，我们只致力于可可西里藏羚羊的保护工作，希望通过自己的一些努力，为当时的“西部工委”提供一些力所能及的后勤保障支持。后来我们就发现，民间组织的力量毕竟是有限的。不过，青海省政府和三江源国家公园对于我们过去的工作给予了非常大的肯定，也对我们现在的工作起到了非常大的促进作用。随着国家公园的建立，整个青海省把环境保护提到了非常重要的位置上。现在，不但政府机构、公务员在注重环保，就连庙里的喇嘛都推行了垃圾分类。虽然之前我们一直在宣传环保，但这种自上而下的重视是一个民间机构无法想象和做到的。同时，我们依然在用我们的专业度给三江源国家公园给予力所能及的帮助，各种设备、数据、影像资料，只要是我们有的，只要三江源国家公园需要，我们都不遗余力地提供支持。

◆您在中国致力于环保事业30多年，以您的亲身经历来说，中国在环保方面有什么切实的变化？

我们有时候会看到老猎人放下猎枪，变身保护野生动物的宣传者。我是亲历了这个变化的，在20世纪90年代初，我们的枪支管理还不规范，尤其在青海的边远牧区，很多牧民甚至长途车司机都是配枪的，我就亲眼见过司机开车在公路边见到藏原羚，然后下车猎杀的。这几年，随着枪支管理的规范和环保理念的深入人心，当年的情况已经无法想象了。现在即便有狼、棕熊袭击牧民的牛羊，也没有人会伤害它们。牧民的损失有保险公司赔偿，虽然在理赔流程上可能还需要更人性化一些。但至少环保，尤其是动物保护的理念已经成为青藏高原深入人心的“铁则”。

◆除了有限的资金支持，绿色江河现在面临的最大困难是什么？

绿色江河现在最大的困难是“太贪心”。我们在做环保的过程中不断发现问题，又不断地想，是不是可以解决这个问题。当年建立索南达杰保护站只是想关注藏羚羊的问题，后来做着做着，又发现了青藏线垃圾污染的问题，我们又想办法解决垃圾的问题。在解决垃圾问题的过程中，牧民又来问有人掏斑头雁的蛋你们管不管，于是又有了班德湖的保护站。班德湖保护站建立了，牧民又来问烟瘴挂要建水电站的事情你们能不能给政府点意见，于是就有了烟瘴挂的生物多样性调查。然后青藏线的垃圾问题初见成效了，四川政府又跑来说能不能在川藏线上复制经验。等我们把青藏线的经验复制到四川了，有关部门又说能不能在整个长江沿线帮助推广环保理念。绿色江河永远是“自不量力”的，总干着“自不量力”的活儿，永远缺钱，1块钱想干10块钱的活儿，10块钱想干100块钱的活儿。

◆作为绿色江河的创始人，您对于绿色江河未来的期望是什么？

未来我可不敢说，我都60岁了，我就想，在剩下的十几年，能把绿色江河11个长江主题邮局都建完就不错了。现在我们只建成了长江源（唐古拉山镇）和长江尾（上海吴淞口）的2个邮局，这11个邮局都建成就是一个跨越6000多公里，中国11个省、市、自治区的环保宣讲系统。我希望这些邮局不仅仅是个房子，而能够真真切切地在长江沿岸给大众传达环保理念，让大家都能够来关注长江，关注整个中国的环境保护。

在高寒草原修行

专题 | 何望若

/ 桑周寺 / 黄侃淳 摄

约公元前1世纪，古象雄王国（今西藏阿里地区）的雍仲苯教徒旺庆·当拉米巴和噶·嘉哇洛周等先后来到玉树地区传播苯教，为玉树奠定了早期宗教信仰的基础。如今萨迦派的结古寺、噶举派的禅古寺等，最初皆为苯教寺院。吐蕃时期，佛教传入，文成公主和金城公主的两次进藏和亲都在通天河流域留下了佛寺、佛教造像等。11世纪初，印度佛教大师班智达·弥底来此弘法、建佛塔，12世纪，玉树出现了带有后弘期风格的“组群式灵塔”。300多年前，结古寺第一世嘉那活佛在新寨村发现一块石头显现六字真言，便和信徒一起垒叠嘛呢石，这一信仰延续了下来，如今的新寨嘉那嘛呢石经城已有足球场大小、数亿块嘛呢石的规模，一代又一代的信徒仍在为其“添砖加瓦”。

在漫长的历史中，玉树大多数寺庙经历过改宗、毁坏、迁址、重建等，如今还留有近300座寺庙和佛学院，数量之多、体系之完整，放眼整个涉藏地区都极为难得。

在这些寺庙中，桑周寺和甘珠尔石经城最为偏远，也正因为此，桑周寺极珍贵的文化遗存在历史的长河中免遭劫难保留了下来，而甘珠尔石经城的尼姑寺内也因为远离繁华的市镇，依然延续着极为艰苦的修行生活。

◆桑周寺：出众的唐卡艺术

桑周寺位于通天河畔，距离称多县40公里，出县城向西，接上通天河后沿右岸逆流而上，直到看见一座吊桥，对岸便是藏娘村。路程不长，路况极差，虽鲜有游客前来，但来朝佛、转经的信徒不绝，尤其在牧民最空闲的冬季，小小的藏娘村热闹得天天像过节。在三面雪山环绕的背景下，萨迦派标志性的黑白红三色建筑群和白色佛塔分外醒目。1030年，智达·弥底大师来此弘法时修建藏娘佛塔，佛塔高40余米，周长200米，为土、木、石混合结构，塔座为方形，分四层逐级向上收缩，塔身为覆钵式，兼具印度式和藏式两种风格，在青海十分罕见。

早在弥底大师建佛塔前，这里已有两座苯教寺庙；13世纪，八思巴又修建了一座萨迦派寺庙；100多年后，弥底大师的转世活佛将三寺合并为桑周寺；2000年，桑周寺被列入国家级文物保护单位。寺内遗存文物极多，据不完全统计，有宗教文物、民俗文物5000余件，包括弥底大师用过的僧衣、靴子、大量经文和经卷、苯教法器、壁画、唐卡等。桑周寺尤以藏娘唐卡出众，其艺术价值可与青海著名的热贡唐卡相媲美。

藏娘唐卡按形制可分为“吏册”“达册”“支册”“扎勒”等，具有造像度量严格、色彩明快、底色厚重、善用灰色表现肤色的艺术特点。虽然同为国家级非物质文化遗产，但是藏娘唐卡不如热贡唐卡声名远播，除了桑周寺位置偏远的原因，其家族内部或师徒相传的教学传承方式本身也有一定的局限性。

桑周寺按地势分上、中、下三个寺。“中寺”年代最久远，且没遭遇过太大破坏，殿内的壁画保存完好，色泽艳丽，艺术价值极高。常有各地唐卡画师来此观摩、临摹。不过壁画上有些颜色现如今已很难百分之百调配出来。为了保护这些珍贵的文物，殿内不供灯，也不允许照相。“上寺”有一尊1500多年历史的玛哈嘎拉护法像，是桑周寺最古老的文物。这座殿没有壁画，墙上挂满唐卡，因殿内供灯，唐卡前遮了一层绸布。“下寺”就在藏娘佛塔旁，常年开放给信徒敬拜供灯，也因此，殿内的唐卡被烟熏火燎成黑乎乎的。

◆甘珠尔石经城：年轻的尼姑寺

在治多县西北80公里的治渠乡江庆村，有一座始建于宋朝晚期的石经城，不同于新寨嘉那嘛呢石经城刻的多为六字真言，这里刻的是整部《甘珠尔经》。1957年第二部石经雕刻完成时，举行了盛大的开光仪式，贡萨寺的十九

/ 甘珠尔石经城 / 黄佩淳 摄

世秋吉活佛为上万信众念诵了103卷《甘珠尔经》，此后10年朝拜者不断，每年还会举办文化节。

可惜的是，甘珠尔石经城在“文革”时遭到严重破坏，刻满经文的石板被人随便拿去搭羊圈、盖房子、砌围墙等。2004年，觉姆（涉藏地区对女性修行者的尊称）土登卓玛白发带领周边牧民开始修复惨不忍睹的石经堆。

2009年，甘珠尔石经城获批为青海省级文物保护单位，但次年又受地震波及，再度归零重新整理。同时，在秋吉活佛的建议下，土登卓玛也着手在石经城旁修建治多县第一个尼姑寺，边修行边维护石经城。现在的石经城东西长273米，南北宽44米，共有甘珠尔石雕经文206部，除了地表之上看得见的经文石板，还有不少石板陷在地下没挖出来，信徒们又在上面增添了不少刻有六字真言的石板。

十多年来，尼姑寺从最初只有一间又矮又小的屋子，扩充为3座漂亮、明净的佛殿，2018年又落成了全世界唯一的空行母坛城。如今有200多位觉姆在这里修行，她们大多才十几二十来岁，一双双清澈的眼睛里透着不谙世事的天真。这里也确实远离俗世，位处海拔4590米的苦寒之地，寺里不通电，全靠太阳能，冬天烧牛粪取暖，吃用都得从80公里外的治多县运来，两地间是能让老司机开到怀疑人生的搓板路。寺内有移动网络，但土登卓玛制定的寺规森严，手机只能给家里打电话，不能上网玩游戏或是刷微信、抖音、快手等社交平台。每年夏季，寺里会举办为期45天的大法会，法会结束，觉姆们拥有15天的假期，算上过年，她们一年仅有2次回家的机会，平常也少有外人前来拜访，大概也因此，小觉姆对到访者格外热情。

这可能是玉树最年轻的寺庙，也应该是全州条件最为艰苦的寺庙，觉姆用苦修的方式，在此守护着古老的宗教遗产，也传承着藏地精神。

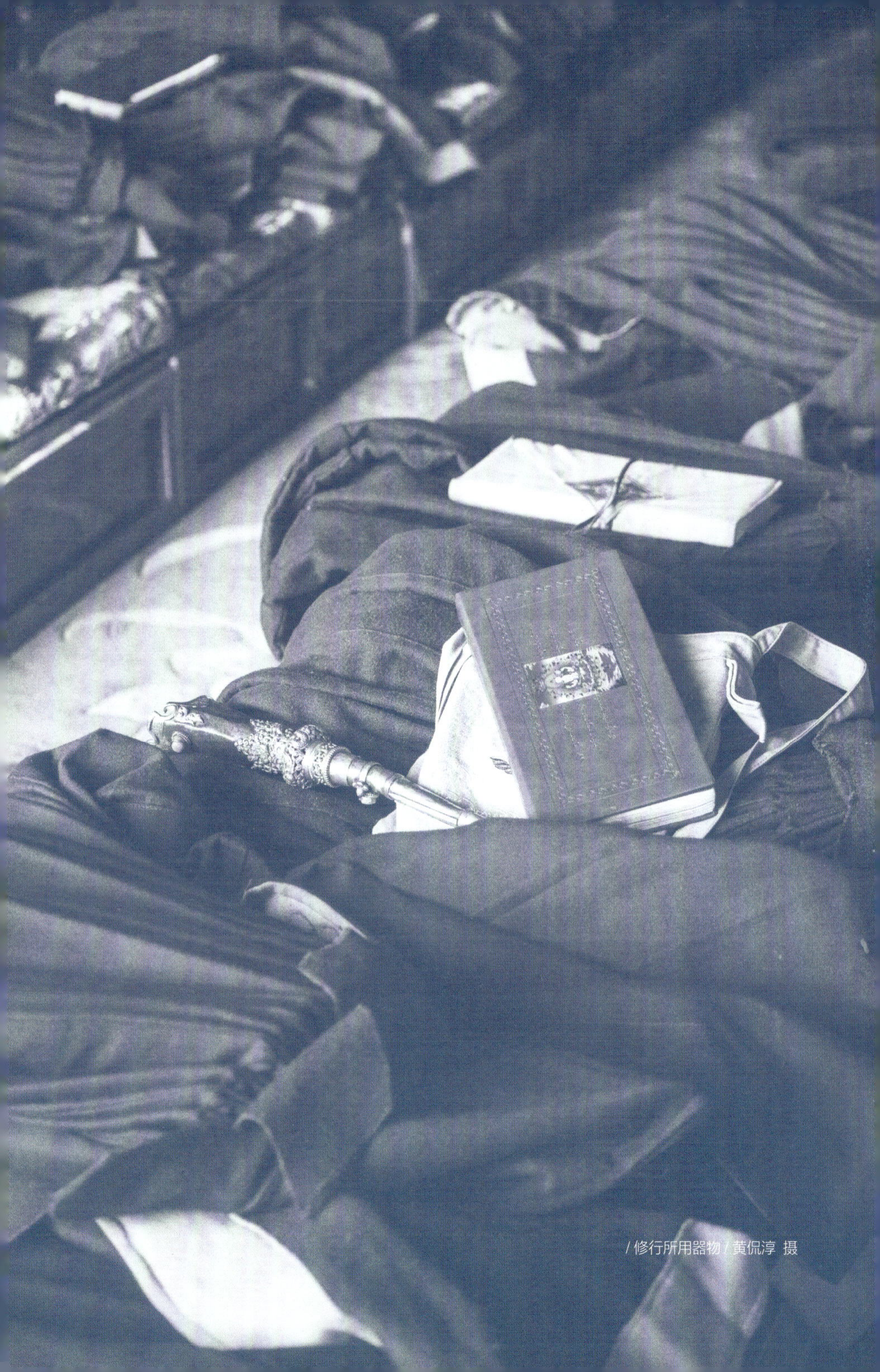

/ 修行所用器物 / 黄侃淳 摄

第八章 巍巍昆仑

从“登昆仑兮四望，心飞扬兮浩荡”到“我自横刀向天笑，去留肝胆两昆仑”，昆仑山在中华传统文化的语境中绝不仅仅是一座山而已。

这里是西王母的瑶池，是道家的西方胜境，是万山之祖，是中华龙脉，更是中国人五千年来的浪漫想象。

昆仑山并非只是存在于神话故事里的传说，它横跨青海、西藏、新疆，

/ 夕阳下的玉珠峰 / 黄侃淳 摄

直抵帕米尔高原，分隔塔里木盆地、柴塔木盆地和青藏高原，成为高原文明和西域文明的天然分界线。

当走近昆仑山的时候，或许你会有些疑惑，西王母和玉珠峰，到底谁代表了真正的昆仑？

玉珠峰，“预珠峰”

从唐古拉山镇返回格尔木的路上，过了索南达杰保护站没多久，路边大大的指示牌显示前方2公里处就是“可可西里雪山观景台”。说是观景台，其实就是路边一个搭了木制观景台的简易停车区。几天前我们从不冻泉向南前往唐古拉山镇，路过这里的时候天气状况并不好，雨雪交加，不仅看不到雪山，连远一点的公路都看不清。而今天的能见度就好得多了，整个昆仑山脉绵延起伏，拦在可可西里的北面。

这一排的雪山中，有两座明显比别的山峰高出一大截：一座是位于109国道西侧，海拔5933米的玉虚峰；另一座是位于109国道东侧，海拔6178米的玉珠峰，这两座山也被称为青藏线上的姊妹峰。昆仑山脉西起帕米尔高原东部，东到柴达木河上游谷地，全长约2500公里，是中国最长的山脉。在地质学上有把昆仑山脉分成东、西两段和东、西、中三段的不同分段法，这两种说法各有各的科学依据，但近年来人们更倾向于三段式的划分法。如果按照这种划分法，109国道途经的昆仑山口，就是昆仑山东段和中段的分界线，而玉珠峰和玉虚峰则分属于昆仑山东段和中段。

根据道教传说，玉虚峰是玉皇大帝的妹妹玉虚神女居住的地方，它是道

/ 昆仑山和玉珠峰 /

教昆仑派的主道场，被誉为“道教的洞天福地”。但相比玉虚峰，玉珠峰的名声要更响亮一些。一方面它是昆仑山东段的最高峰，另一方面它是很多专业登山者挑战高海拔山峰的入门之选。更重要的是，这里有整个长江源园区最好接近的冰川。

从治多县、曲麻莱县、唐古拉山镇到烟瘴挂大峡谷，连续几天四五千米高海拔的旅行弄得大家都疲惫不堪。我们原打算从唐古拉山镇直奔海拔只有2700多米的格尔木市，到“国际化大都市”好好洗个热水澡，再吃顿好的，

但又实在抛不开对玉珠峰的执念，于是纠结再三，还是决定在距离玉珠峰最近的不冻泉住上一晚。海拔4500多米的不冻泉是215国道和109国道交会处一个自然形成的“野生”公路服务区，这一晚除了泉不冻，哪里都冻得彻彻底底的。

因为相对海拔差的关系，海拔更高的南坡冰川反而更易抵达一些。从不

/ 昆仑山 / 视觉中国 提供

冻泉往北行驶18公里，在右侧一个不太起眼的岔路口离开109国道，就是去往玉珠峰冰川的路。玉珠峰的登山季一般从4月底开始，一直持续到10月初，但5月的可可西里气候依然不算稳定，去往南坡大本营的路上，部分路段被深达膝盖的积雪盖住了。我们的越野车几次尝试强行通过都以失败告终，最后不得不选择从路旁的草甸绕行。玉珠峰南坡大本营就在玉珠峰南坡冰川尾部的河滩上，几十顶毡房组成的登山大本营在雪山之下格外显眼。

玉珠峰的传统登山线路分为南北两条，南坡缓北坡陡。北坡登山大本营设在西大滩以南，海拔4300米的玉珠峰脚下，登山线路沿着玉珠峰北坡冰川一路向上。登山者要面对冰裂缝、冰塔林、冰陡坡、刃脊等多种地形地貌，部分路段需要结绳，相对难度比南坡要大得多，是极佳的高海拔登山训练场。很多登山队员在挑战珠峰前，都会把玉珠峰作为练习场。而南坡大本营则简单得多，大本营本身就设在海拔5050米的冰川末端河滩上，光这一点就省去登山者800米的海拔爬升。同时因为南坡已经被风化成标准的馒头状山峰，坡度较缓，平均坡度在11° ~15° ，不需要结绳，是比较适合初学者的高海拔山峰入门挑战。

等我们抵达南坡大本营的时候，偌大的大本营只有几个值守人员，剩余的人都在今天一早前往海拔5600米的C1营地了。沿着河滩后边玉珠峰西南山脊的碎石坡向上，行进大约1.5公里就可以看到玉珠峰南坡冰川的尾碛，这是南坡冰川的末端，一面高三四米、长几百米的大冰壁裹挟着大量的冰碛，耸立在冰川河谷中，时值午后，正是一天中气温最高的时刻，整个大冰壁都“滴答滴答”地淌着水，不时有表碛因为冰川融化从冰川中掉落下来。冰川融水形成的冰锥高高地悬在头顶，我们在拍照的时候都不敢太过接近，生怕它们突然就砸了下来。绕过大冰壁之后，山体的坡度陡然增加，从这里再往上行进约2公里，海拔爬升约300米就是C1营地了。

大部分登山者在抵达登山大本营后会进行2~3天的高海拔适应训练和基础的登山知识、冰川行走和滑坠制动等培训，然后从南坡大本营出发，抵达C1营地，并于第二天凌晨4点左右出发，冲击6178米的玉珠峰顶。如果一切顺利，在完成登顶后直接下撤到海拔5050米的南坡大本营，从而完成一次标准的玉珠峰登顶。

从南坡大本营算起，2天时间海拔爬升1178米，路程6.26公里，平均坡度12.5°，无论是海拔、里程还是地形，都算是国内6000米级山峰中门槛最低的那一档。也难怪很多登山爱好者把玉珠峰作为自己的起步峰，有志于攀登珠峰的登山者也把玉珠峰作为适应性训练的登山基地，因此玉珠峰对专业登山者来说也是“预珠峰”。可惜我们这次并没有登顶的打算，携带的户外装备也只够应付5000米左右的海拔，再往上就需要更加专业的登山装备，我们也只能在南坡冰川“到此一游”。

登山第一原则——不要轻视任何一座山！

西王母和昆仑

离开玉珠峰南坡，跨过昆仑山口，海拔就开始直线下降，原本鼓鼓囊囊的可乐瓶因为气压变了形。从昆仑山口到格尔木市，短短150公里路，海拔落差却有2000多米。作为对比，从昆仑山口往南1000多公里直到拉萨，一路上青藏公路地表最大起伏仅有800米，几乎一望无际。如果我们把昆仑山看作青藏高原的北城墙，那么昆仑山口就是它的北大门，穿过昆仑山口才算是踏上青藏高原，之后一路尽是坦途。

翻过昆仑山口，往下约1个小时就可以看到无极龙凤宫了。明朝时期这里曾是道教混元派（昆仑派）道场，《封神榜》中姜子牙就是在这里得道成仙的。现在的无极龙凤宫是2012年由中国台湾、中国香港及东南亚地区的昆仑派信士筹款修建的，是我国海拔最高的道观，道观前的广场从空中俯瞰是一副太极图的模样。我们到的时候整个无极龙凤宫冷冷清清的，给人一种过气影视基地的感觉。

无极龙凤宫主殿里供奉的是道家至高无上的女神——西王母。我们对于昆仑山的认识是从神话开始的，《山海经·海经·大荒西经》中记载："西海之南，流沙之滨，赤水之后，黑水之前，有大山，名曰昆仑之丘。……有

/ 玉珠峰山脚 / 黄侃淳 摄

人，戴胜，虎齿，豹尾，穴处，名曰西王母。此山万物尽有。”

《山海经》中所说的昆仑很可能并非现在的昆仑山，但在此之后“昆仑”这个名字似乎特别受古人的青睐，相比同样在大荒西经中描述的地名，明显曝光率要高出一大截。《尔雅》《穆天子传》和《史记》均有对“昆仑”的记载。

《史记》中的记载表明，神话中的昆仑与现实中存在的大山重合了起来，并且当时的人们认为黄河就是出自昆仑山。《史记·大宛列传》中就记载：“而汉使穷河源，河源出于阗，其山多玉石，采来，天子案古图书，名河所出山曰昆仑云。”虽然说昆仑山并非黄河的源头，但以古人有限的地理知识，虽不中亦不远矣。

道教创立以后，西王母被纳入神系，其地位被不断拔高，最终成为道家至高无上的女神，掌握着长生不老的秘密。《山海经》中西王母的形象还是：“其状如人，豹尾虎齿而善啸，蓬发戴胜。”等到了东晋，葛洪的《枕中书》中称其为元始天王与太玄圣母通气结精后所生之女，号曰“太真西王母”，是西汉夫人，“所治群仙无量也”。

伴随西王母地位的提高，越来越多的神话故事和神仙被纳入西王母的神话体系之中。从大禹治水、后羿射日、嫦娥奔月、精卫填海、七仙女等中国人耳熟能详的神话，到《警世通言》《西游记》等明清小说中都不乏西王母的身影。如今大多数人对西王母的印象停留在开过蟠桃会，是个爱管闲事、爱棒打鸳鸯的天宫皇后娘娘。但在道家的体系中，“天上天下，三界十方，女子登仙者得道者，咸所隶属”。凡是世上成仙之人，进入天庭，都要“先见西王母，后谒东王公”，然后才能朝玉皇、拜三清。由此西王母所居住的昆仑山自然也就成了“中国第一神山”和“中华龙脉”了。

经过几千年的发展，神话中的昆仑山和现实中的昆仑山早就已经是难以分割、一体两面的存在。当我们谈论昆仑山时，巍峨的雪峰和虚无缥缈的天宫都是昆仑。它承载着大河之源头，拱卫着荒原，寄托着中华民族的美好想象，同时承载着中国人的精神。

正如《念奴娇·昆仑》所说："横空出世，莽昆仑，阅尽人间春色。"

◆你是什么时候去登的玉珠峰？

我去过两次，第一次是2019年8月，第二次是2020年的国庆假期。第一次是去登山滑雪的，第二次是纯登山。

◆在玉珠峰登山滑雪和纯登山有什么差别？

其实差别仅在下山的方式不同，一个是用滑雪的方式从山顶滑到C1，一个是走下来，别的都一样。因为玉珠峰的登山线路非常成熟，一般南坡线路需7～8天，北坡线路需10～11天，不管是登山滑雪还是纯登山，大家基本都是按照这个线路规划走的。

◆对你来说玉珠峰是不是一座攀登起来非常简单的山峰？

我觉得所有的雪山都不简单。我朋友今年五一去的时候就遇到了非常大的风雪，6000米的山峰登出了8000米的感觉。

◆玉珠峰和其他6000米级的山峰相比区别是什么？

因为玉珠峰在可可西里腹地，植被比较少，所以高原反应带来的挑战会更加严峻。但玉珠峰的接近性非常好，坐车就可以到大本营，坡度也比较平缓，商业开发得比较早，所以登山的配套措施也非常完备。整体来说，玉珠峰非常适合作为登山爱好者的6000米级山峰的入门挑战。

◆登玉珠峰需要做些什么准备?

首先你的身体要适应高海拔的环境，最好有5000米级山峰的登山经验。因为北坡有1、2、3号三条冰川，并在2008年发生过雪崩，所以路上有坠落冰裂缝、滑坠和雪崩的风险，需要攀登者具备滑坠制动、结组行进等技能。南坡相对容易，只在5800米以上有一段100米左右的亮冰，需要结组。装备方面，登山杖、羽绒服、冰爪、安全帽、安全带这些都是必备的。

◆你如何看待很多人把玉珠峰作为珠峰的训练场?

玉珠峰和珠峰完全没有可比性，就像一个刚学会走路的孩子和一个奥运会运动员的差别。现在很多人想用最快最省钱的方式完成珠峰登顶，然后去炫耀自己。登完玉珠峰就登慕士塔格峰（还是带氧气的），然后就去登珠峰。这种功利的登山方式其实是对自己非常不负责任的。

◇◆◆攀爬雪山小技巧

滑坠制动：滑坠一般指在坡度大于30°的冰川攀登或行走时跌倒下滑，此时制动就成了一个关键问题。滑落时的姿势不同，自我制动的方式也不同。滑落姿势一般有4种：头朝上，头朝下，脸朝上，脸朝下（雪坡）。首要的目标是让身体立即进入唯一有用的制动姿势：头朝山上，面朝雪坡。

结组行进：攀登雪山的过程中，在遇到陡峭的冰雪坡或者裂缝区的时候，为了降低个人行动的事故率，常常需要将队伍分成4～8人或2～4人的小组前进。结组时，每两人之间的距离应在8～15米，大于最宽的冰裂缝宽度。

从野牛沟岩画看昆仑山先民的生活

人物专访

程起骏，青海省政协民族宗教事务委员会原副主任

野牛沟位于格尔木郭勒木乡以西约80公里处的昆仑山脚下，沟内地势开阔，昆仑河呈辫状缓缓流淌。两岸山坡草原是当地牧民的夏季牧场。沟内有一处距今3000多年的岩画，散布在四道沟山梁南坡的细粒花岗岩上，呈东南—西北走向。据考证这些岩画是西周早期生活在昆仑山一带的古羌人留下的。我们采访了青海省政协民族宗教事务委员会原副主任程起骏先生，听他为我们详细介绍野牛沟的岩画内容及其人文价值。

◆请为我们介绍一下野牛沟岩画的规模和保存的完整度。

野牛沟岩画共有45幅、250个个体形象，每幅都是小小的，位置也不高，大多在伸手就能够着的位置，有些就在脚边。因为古羌人很早就开始内迁，此后野牛沟再没有过成规模的聚落，所以基本没被破坏过。但由于地处高寒，岩石表面腐蚀风化严重，特别是冷暖温差导致的岩面崩裂，以至于有些岩画的画面比较模糊。

◆野牛沟岩画的内容是怎样的？

岩画主题涉及古羌人生产、生活、信仰等方方面面，多以垂直或倾斜通体雕凿的手法制成，也有少量为轮廓打击法，画风写实、拙朴、夸张。内容包括狩猎、巫术、祭祀、舞蹈、放牧、图腾等，也有隐晦表现男女交媾的画面，尤以狩猎场面和牦牛形象出现最多。除了大量牦牛、

狼、骆驼、豹、狐、鹰、马、鹿、山羊等动物，还有一些如今已经消失的物种。有一幅老虎吃牛图，画中的老虎非常形象。

◆能否为我们具体介绍几幅有代表性的岩画?

最著名的一幅是西王母像，画面中西王母身着长袍，头戴胜冠，左手举起一只鸟，右肩上部绘有日、月。这幅岩画距今3100多年，极有可能是中国最早的西王母画像。在中国神话中，昆仑山是西王母的居所，她在瑶池设下蟠桃宴款待西巡的周穆王。《山海经》中记载："有大山，名曰昆仑之丘……有人，戴胜，虎齿，豹尾，穴处，名曰西王母。""其南有三青鸟，为西王母取食。在昆仑西北。"这幅画中西王母的形象除了不见虎齿豹尾，大部分是与神话相符的。

在一幅狩猎图中，画面上两位猎手挽弓欲射，迎面是一头鹿和两头野牦牛，其中一头野牦牛背上站着一头小牦牛，代表母牛护着小牛犊或是怀孕的母牦牛，猎手对准了鹿和另一头野牦牛，寓意猎人不杀怀孕或带小畜的母畜。通过这幅岩画我们可以一窥古羌人的生态观。

另有一幅描绘人物举头张臂下蹲的蹲踞人图，这个形象在亚洲、欧洲、美洲、非洲岩画中很常见，而在中国最早出现在仰韶文化中。这个蹲踞人形似一个天字，又似在祈祷，将天与人结合在一起，体现了古人对天的崇拜。

另外，在驾车巡视图中已经出现了马拉车，说明3000多年前的昆仑山先民已经掌握造车技术，而出现在围栏狩猎图中的围栏和三位猎手围堵的画面，说明当时已经有围栏技术和围猎技能。

◆请谈谈野牛沟岩画的价值。

野牛沟岩画是青海省内发现的年代最早的岩画，向我们揭示昆仑山先民的生存方式、价值观念等，它与阴山、贺兰山、昌吉等地的岩画，同为北方游牧文化的遗存，同时又带有独特的地域特色。昆仑山被誉为中华创世的“万山之祖”，伏羲、女娲、黄帝皆与昆仑关系密切，精卫填海、嫦娥奔月、夸父逐日等神话故事也都出自昆仑。野牛沟岩画从一个侧面印证了以西王母为核心的昆仑神话系列，说明中华文明的起源与昆仑山有着不解的缘分。

/ 上：昆仑山口 / 喻鹏 摄　　/ 下：昆仑山下的铁路 / 视觉中国 提供

后记

为期20多天的长江源调研终于结束了，我们回到起始点西宁，繁忙喧嚣、便利快捷的大城市带来的熟悉感和安全感顿时重回心头，长江源寻根之旅在这里正式画上了句点。与此同时，旅程结束的怅然若失也袭上心头，脑海中总是不停闪过旅途中看过无数次的荒凉的高原、滚滚的江水、机灵的喜马拉雅旱獭、成群结队的藏羚羊和已经冒出绿意的草原。

长江自西向东贯穿中国全境，是中国第一大河，它的水位变化、波浪起伏、颜色深浅，都是整个长江源地区的缩影。《为什么长江如此迷人？》一书记录了一段芜湖往事：作家旅克·理查德在去往长江下游的旅行中，问及江边一位正在择菜的妇人："是否生活在船上？"那位女性用手指着长长的平底的船体，回答说："这条河就是我们的家。"

对于生活在长江上游地区的人来说，长江更是超越了家的意义：这里的一切，都以长江源头为依托，长江的源头充满神意，人们亦对它充满敬意。生活在这里的当地人，逐渐找到了与周围生态环境共存的相处模式，他们在用不同的方式守护着长江，守护着自己的栖息地。109国道沿途保护站的管护员们每天都在恪守巡护的任务；来自五湖四海的志愿者聚集在"绿色江河"驿站，耐心收拾着瓶瓶罐罐，监测斑头雁的日常状态；甘珠尔石经城里的觉姆们在苦修之外的业余时间，还收养了和妈妈走散的小马和鹿；而在可可西里，昔日疯狂的盗猎现象不再，索南达杰成为这片土地上的精神指引，藏羚羊们也有了更广阔的生存空间，得以在卓乃湖附近产崽，在特设迁徙通道上来去自如。

虽然一路上因为各种原因，我们没能到达烟瘴挂大峡谷，也没走完尕朵觉悟的后半段转山路程，但我们几乎每时每刻都在感受自然的瑰丽多变，也感叹人与自然奇妙的羁绊与联结。几十年来的用心守护和生态治理已然得见成效，真希望明年五道梁保护站的管护员能准时迎接第一批藏羚羊的到来。

出行参考

TRAVEL REFERENCE

三江源国家公园概况

2021年10月12日，在联合国《生物多样性公约》缔约方大会第十五次会议上，中国政府宣布正式设立首批五个国家公园，平均海拔在4700米以上、总面积超过19.07万平方公里的三江源国家公园排名首位。

三江源国家公园一直坚持生态保护第一、国家代表性、全民公益性的国家公园理念，推动国家公园高质量高标准高水平建设，为人民提供优质生态产品，为全社会提供科研、教育、体验、游憩等公共服务，让当代人享受到大自然的馈赠和天蓝地绿水净、鸟语花香的美好家园，给子孙后代留下宝贵自然遗产，使三江源国家公园成为体现大国责任、展示美丽中国的重要窗口。三江源国家公园的核心保护区是国家公园的主体，实行最严格的保护，原则上禁止人为活动。一般控制区是当地牧民传统生产生活区域、开展生态体验与自然教育的主要场所。为践行绿水青山就是金山银山理念，充分发挥国家公园的科研、教育、游憩功能，探索自然保护和资源利用新模式，对国家公园内自然资源资产的经营利用统一以特许经营的方式开展。

长江源园区总面积14.69万平方公里，占整个国家公园总面积的77%以上，大名鼎鼎的可可西里即属于该园区。但长江源园区绝大多数地区为禁止进入的核心保护区，一般旅行者可以造访的基本局限在G109（青藏线）和G215国道沿途区域。长江源园区开放区域的路况是三个园区中最好的，同时在这里很容易观赏到藏羚羊，但除此之外的开放区域的野生动物种类并不多。

野生动物：★★★

自然风光：★★★★

易抵达性：★★★★★

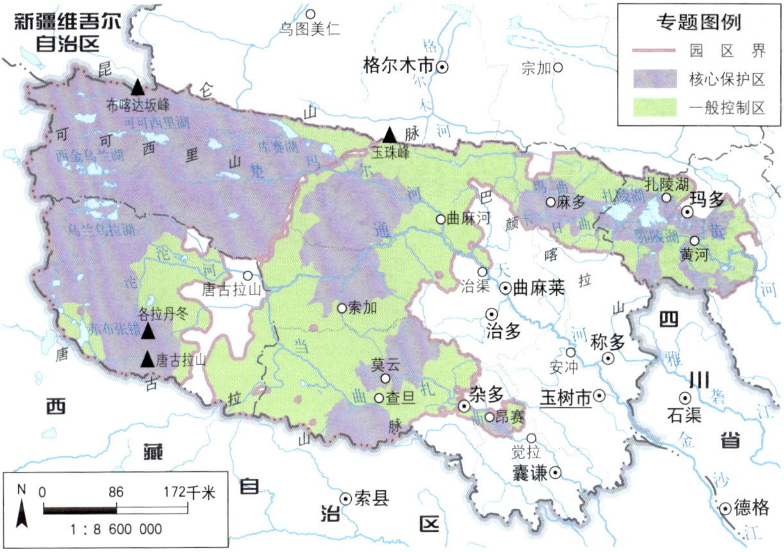

/ 三江源国家公园核心保护区与一般控制区示意图 /

◆负责任的旅行

◆ 严禁非法穿越国家公园：前往三江源及周边自驾，必须遵守相关部门的规定，可以参考当地政府和国家公园管理机构发布的自驾路线，不得在未经允许的情况下穿越无人区。

◆ 不随地扔垃圾：产生的垃圾自行带走，并按照分类要求投入指定的垃圾容器或收集场所。

◆ 无人机的噪声会严重扰乱野生动物的生活，尤其可能造成哺乳期母兽的应激反应，切勿用无人机低空接近或追赶野生动物。

◆ 除无人机外，同样严禁驱车追赶野生动物。

长江源TOP旅行体验

◆ 尕朵觉悟转山

尕朵觉悟位于曲麻莱县和称多县的交界处，由主峰及几十座环绕的山峰组成，其中主峰海拔5395米。尕朵觉悟的转山道分为“内转”“中转”和“外转”三条路。“内转”指的是主峰的转游，以路途陡峭著称，全程用时最短，只需半天就可转完。但根据涉藏地区习俗，只有高僧大德才可以走这条路。一般来说，当地藏族人和旅行者都会选择“中转”，全程大约60公里，2～3天就可以转上一圈。“外转”是绕着尕朵觉悟外围转一大圈，其中需要经过通天河，全程至少需要9天时间，且只有冬季通天河冰封之时才可以完成。

◆ 寻访索南达杰保护站

可可西里管理处从南到北共有4个保护站，分别是沱沱河保护站、五道梁保护站、索南达杰保护站以及不冻泉保护站。其中索南达杰保护站是最早建立的一个，同时承担着对外宣传的功能。站内有一个可可西里展览馆，游客可以进去参观，没有巡山任务的管护员会帮忙讲解。在这里你可以深入了解可可西里建设的艰难险阻，以及在可可西里栖息的动植物。

◆眺望楚玛尔七渡口

楚玛尔七渡口位于治多县城西北95公里的扎河乡，游客也可从曲麻莱县出发，沿曲麻河乡沿楚玛尔河以南行驶到达。楚玛尔河是长江的三条源流中径流长度之最，流入通天河的倒“T”字形交汇点，形成一片宽谷大滩，河床像一张撒开的网，红色的楚玛尔河被分割成数条散乱的河道，缓缓流淌在赤褐色的沙洲中。七渡口之“七”是指渡口附近的河面成股交织，有七条形如发辫的支流。

◆在“绿色江河”驿站寄张明信片

长江源水生态环境保护站位于唐古拉山镇G109沿线，是环境保护组织“绿色江河”6个驿站中的第一个，自驾游客可以参与保护站“带走一袋垃圾”的项目，将分类处理好的垃圾带往绿色江河格尔木驿站，之后会获得绿色江河的纪念品作为奖励。保护站旁边是“长江1号”邮局，你可以在这里寄一张来自长江源头的明信片，喝一杯由志愿者冲泡的咖啡。

◆参观新寨嘉那嘛呢石经城

距离玉树市区以东5公里的新寨嘉那嘛呢石经城，是玉树不可错过的景点。这座由几十亿块嘛呢石堆积而成、面积足有十个标准足球场大小的石经城，是世界上最大的嘛呢堆。300多年来，在无数信徒的持续堆积下，这里从一个小小的嘛呢堆，发展成配有经堂、转经廊、经幡、广场的宏大石经城。每年藏历十二月十五，会有数万名牧民和佛教徒在此集体转嘛呢。石经城全年开放，建议游客最好在日落之前前往参观。非自驾游客可以在市区乘坐2路公交车在嘉那嘛呢站下车。

行前参考

◆通信

电信、联通、移动三大运营商的基站覆盖全省，凡是乡、村都有信号，但若在高海拔地带盘山而行或深入乡间小路，手机会时常丢失信号。

◆何时去

- 5月至6月 此时冻土未消，是探访长江源的好时候。
- 7月至8月 天高云阔，气候凉爽舒适，是前往高海拔地区的最佳时机。
- 9月至次年4月 此时天气寒冷，行程可能会受到风雪天气影响。

◆高原地区目的地海拔

- 各拉丹冬峰6621米
- 玉珠峰6178米
- 尕朵觉悟主峰5395米

◆当地交通

飞机

- 西宁曹家堡国际机场
- 玉树巴塘机场
- 格尔木机场
- 德令哈机场

火车

- 西宁火车站
- 格尔木火车站

长途汽车

- 西宁汽车客运中心
- 玉树汽车站

自驾

最方便的出行方式，但三江源地区实时路况的不确定性大，大多数路段并不适合新手。可以选择包车前往。

初到高原，请注意

出行前准备一些预防高原反应的药物，例如红景天胶囊，提前服用，增强抵抗能力。还可以带布洛芬缓释胶囊、地塞米松片、氨茶碱片等药物，可缓解高原反应带来的头痛等症状。建议买点阿咖酚散（俗称头痛粉），性价比极高。

预备几瓶一次性氧气瓶，可在医院和药店购买。部分酒店可以提供吸氧设备，但最好提前咨询确定。

到达后尽量先安排休息，注意保暖并且多喝水，不要剧烈运动。如果感觉头痛不适，可服用一包阿咖酚散，效果不错。如果高反症状一直不减弱甚至加重，请咨询医生并慎重考虑是否继续后面的旅程。

高原紫外线强烈，在高原要戴好太阳镜，可以有效减弱紫外线对眼睛的照射，准备好长袖衣裤、头巾或者披肩，可以起到防晒的作用。

附录一 APPENDIX 三江源国家公园大事记

◆ **2016年3月**

中共中央办公厅、国务院办公厅印发《三江源国家公园体制试点方案》。

◆ **2016年4月**

青海省委常委会议审议通过《关于实施〈三江源国家公园体制试点方案〉的部署意见》，省委、省政府召开动员大会，正式启动三江源国家公园体制试点。

◆ **2016年6月**

我国首个国家公园体制试点管理机构三江源国家管理局（筹）正式挂牌。

◆ **2016年11月**

三江源国家公园管理局向全球发布形象标识，这不仅是我国第一个国家公园的形象展示，更是国家形象和国家意志的集中体现。

◆ **2017年8月**

我国首个国家公园地方性法规《三江源国家公园条例（试行）》正式实施。

◆ 2017年9月

中共中央办公厅、国务院办公厅印发《建立国家公园体制总体方案》，提出到2020年，建立国家公园体制试点基本完成。

◆ 2018年1月

国家发展和改革委员会正式印发《三江源国家公园总体规划》，标志着三江源国家公园建设步入全面推进阶段。

◆ 2021年9月

国务院印发《关于同意设立三江源国家公园的批复》，同意《三江源国家公园设立方案》，三江源国家公园从体制试点迈入正式设立阶段。

◆ 2021年10月

国家主席习近平在《生物多样性公约》第十五次缔约方大会领导人峰会上宣布设立三江源等第一批国家公园。

◆ 2023年8月

《三江源国家公园总体规划（2023—2030年）》发布，将长江、黄河、澜沧江源头区域全部纳入国家公园范围，实现源头区域生态系统和野生动物栖息地完整保护。

附录二 城区图

APPENDIX

/ 玉树市 /

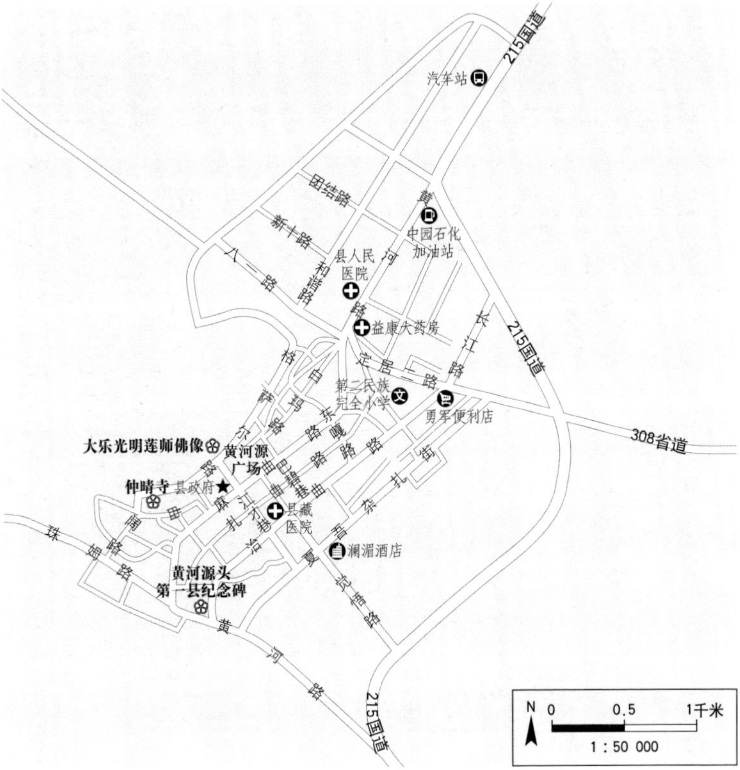
215国道
汽车站
团结路
新十路
八一路
和谐路
黄河路
中园石化
加油站
县人民
医院
益康大药房
长江路
定居一路
第二民族
完全小学
勇军便利店
308省道
大乐光明莲师佛像
黄河源
广场
仲晴寺
县政府
县藏
医院
澜湄酒店
黄河源头
第一县纪念碑
珠姆路
黄河路
N
0
0.5
1千米
1 : 50 000

/ 曲麻莱县 /

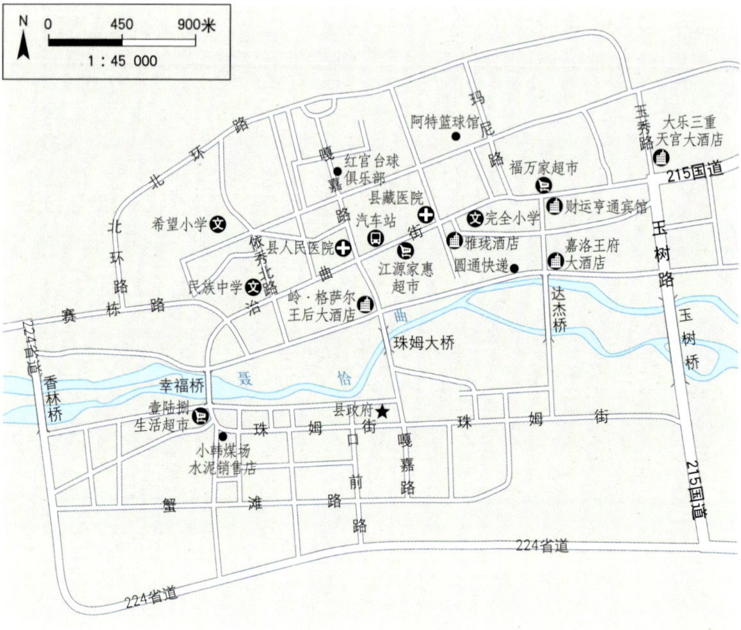

/ 治多县 /

图例 省区图、地区图

西宁市	省级行政中心	G214	国道
海东市	地级市行政中心	S224	省道
玉树市	自治州行政中心		县乡道
杂多	县级行政中心		常年河、时令河
扎朵	乡、镇级行政中心		常年湖
不冻泉	村庄	唐古拉山 6205	山峰及高程(米)
	省级界		山口、关隘
	地级界		世界遗产
	县级界		国家级自然保护区
	铁路		国家地质公园
G6	高速公路		其他旅游景点

/ 唐古拉山镇 /

城区图

——	一级街道	⊕	医院、药店
——	二级街道		商场 超市
——	三级街道		学校
★	地级政府	¥	银行、保险
★	县级政府		汽车站
★	镇级政府		加油站
	公安局、派出所等机关单位		旅游景点
	饭店、宾馆酒店、大厦	●	其他

图书在版编目（CIP）数据

行走长江源 / 何望若，黄侃淳，喻鹏著．-- 北京：中国地图出版社，2023.12

ISBN 978-7-5204-2847-7

Ⅰ．①行… Ⅱ．①何… ②黄… ③喻… Ⅲ．①旅游地理－青海 Ⅳ．① K928.944

中国国家版本馆 CIP 数据核字 (2023) 第 230844 号

行走长江源

XINGZOU CHANGJIANGYUAN

出版发行	中国地图出版社
社　　址	北京市白纸坊西街 3 号
邮政编码	100054
网　　址	www.sinomaps.com
印　　刷	北京华联印刷有限公司
经　　销	新华书店
成品规格	147mm × 210mm
印　　张	9.25
字　　数	225 千字
版　　次	2023 年 12 月第 1 版
印　　次	2023 年 12 月北京第 1 次印刷
定　　价	98.00 元
书　　号	ISBN 978-7-5204-2847-7
审 图 号	青 S（2023）225 号

如有印装质量问题，请与我社发行部（010-83543958）联系